Michaela Vieser & Isaac Yuen

Atlas der ungewöhnlichen Klänge

Gefördert durch die Akademie der Künste
aus Mitteln der Beauftragten der Bundesregierung
für Kultur und Medien im Rahmen des Programms
NEUSTART KULTUR.

AKADEMIE DER KÜNSTE

NEU
START
KULTUR

Michaela Vieser
Isaac Yuen

Atlas der ungewöhnlichen Klänge

Eine Reise zu den akustischen Wundern unserer Erde

KNESEBECK Stories

To the wolfpack

Inhalt

28
5
30
20
30
2
14
26
29
15
26
15
29
18
30
20
5
27
1
27
34
4
8
22
34
17
20
20
25
9
27
3
17
22
3
32
22
6
26
27
30
30
30
30
30
17
11
30
12

34
18
5
29
32
23
16
24
30
3
35
35
30
19
20
4
7
13
27
11
11
31
13
24
27
10
10
21
27
11
28
2
2
29
17
9
9
9
30
30
30
29

Vorwort

»Ich bin ein Zuhörer geworden.«
Bernie Krause, Bioakustiker

Fragen Sie einen Freund: Wo ist die Erde am schönsten? Sie hören vielleicht von einem weißen Sandstrand, einem vom Wind durchwehten Tal, einer mittelalterlichen Stadt. Diese Orte mögen interessant sein, aber sie verraten nicht viel über die inneren Landschaften Ihres Freundes. Fragen Sie ihn jedoch, welche Klanglandschaft ihn bewegt hat, und Sie erhalten vielleicht eine aufschlussreichere Antwort. Eine Freundin, mit der wir diese kleine Übung durchführten, nahm uns mit auf eine unerwartete Reise: »Meine Jungs waren noch klein, ich wollte sie einfach nur aus dem Haus bringen, also schlug ich vor, in den Wald zu gehen. Es war einer dieser Novembernachmittage, an denen die Wolken tief hängen wie eine Art dicker Nebel. Plötzlich begann Wind durch die Tannenspitzen zu wehen. Es war, als ob jemand auf einer Harfe spielen würde. Und ich rief meinen Jungs zu: ›Die Bäume singen für uns.‹ Und meine Jungs nickten mit dem Kopf. Auch sie konnten es hören und fühlen. Ich habe das noch nie jemandem erzählt. Dieser Klang, dieser Moment, an den ich mich jetzt erinnere.«

Die Phänomene des Klangs sind vielleicht flüchtig und vergänglich, aber die Erinnerung an sie kann ein Fenster zur Seele öffnen.

Klang ist Energie. Seine Wellen ziehen durch unseren Körper und erreichen unser Inneres. Während wir unsere Augen vor ungewollten Eindrücken verschließen können, lassen sich unsere

Körper nicht völlig von den Auswirkungen des Schalls abschirmen. Ultraschall- oder Infraschallemissionen durchdringen unser Gewebe und erschüttern unsere Zellen. Lesen Sie das Kapitel über die Demutspfeife, und wie der Einsatz bestimmter Frequenzen unsere Gefühle beeinflussen und sogar manipulieren kann. Erfahren Sie, wie schwer es ist, dem Schall zu entkommen, es sei denn, Sie sind eine Motte, die Techniken entwickelt hat, mit denen sie sich der akustischen Ortung durch hungrige Fledermäuse entziehen kann. Oder machen Sie sich mit der Tatsache vertraut, dass es Wellen gibt, die durch das Universum rollen und noch nach Milliarden von Jahren von den Nachwehen des Urknalls künden.

Unsere Wissensbasis sowie die Farben, Formen und Muster, die das Geflecht unserer Welt bilden, konzentrieren sich auf unseren visuellen Sinn, so sehr, dass wir uns oft in dieser Ein-Sinn-Perspektive festfahren: Wir sehen, beobachten, entziffern, sortieren, verdrängen und stellen uns mit unserem geistigen Auge etwas vor, dabei sind unsere Körper in der Lage, so viel mehr zu erfahren und zu verarbeiten. Wir verlassen uns derart stark auf unser Sichtfeld, dass wir andere Welten nicht mehr wahrnehmen können. Ist es möglich, dass diese visuelle Überreizung uns blind gemacht hat für das, was direkt vor uns liegt?

Eine Revolution des Klangs ist im Gange. Das expandierende Feld der Akustik ermöglicht es uns, uns auf eine Vielzahl unsichtbarer Systeme einzustellen. Wissenschaftler können Energieübertragungen aus fernen Galaxien in hörbare Obertöne umwandeln. Klangkünstler nutzen Vibrationssensoren, um in die tiefsten und dunkelsten Winkel der Erde vorzudringen. Hydrophone enthüllen das pulsierende Rauschen der Flüsse und Ozeane. Doch mit dieser neuen Fähigkeit, vormals Unhörbares zu erlauschen, geht auch die Verantwortung einher, es nicht nur zu verstehen, sondern auch zu schützen – nicht selten sogar vor uns selbst.

VORWORT

Im Anthropozän hat die Menschheit ungewollt neue Klanglandschaften geschaffen und andere ausgelöscht. Wo einst Stille herrschte, haben wir Lärm und Chaos eingeführt, was einst voller Rhythmus, Melodie und Harmonie war, haben wir vernichtet. Diese Verluste spüren wir auch mit unseren Körpern.

Dieses Buch ist ein Versuch, die Geschichten des Klangs zu erzählen, ohne Klänge zu verwenden. Es ist eine Übung, um tiefer in die Schichten der akustischen Erfahrung vorzudringen.

Eine Art, dieses Buch zu lesen, besteht darin, seinen Titel zu beherzigen – als einen Atlas, der von Ort zu Ort führt. Eine andere besteht darin, seiner Struktur zu folgen, die chronologisch aufgebaut ist, von den ersten Wellen, die im Universum aufgeworfen wurden, bis zu den Übertragungen, die unsere Spezies in die ferne Zukunft ausgesandt hat. Dazwischen: die Schreie seltsamer Tiere, das Summen geheimnisvoller Energien, heilige Klänge und zeitlose Töne, weite Strecken der Stille und des Atmosphärischen, Lieder von Erde, Wind und Eis. Wir hoffen, dass dieses Buch Ihnen hilft, sich auf einige der Klangwunder einzustimmen, die auf diesem turbulenten Planeten und darüber hinaus zu finden sind.

Michaela Vieser & Isaac Yuen

1. Der Klang des Universums: Auf der Suche nach Harmonie und Resonanz

Holmdel, New Jersey, USA / Perseus-Galaxienhaufen, 240 Millionen Lichtjahre entfernt / Das TRAPPIST-1-System, 39 Lichtjahre entfernt im Sternbild des Wassermanns

1964 verwendeten die Radioastronomen Arno Penzias und Robert Wilson eine kommerzielle Antenne in Holmdel, New Jersey, um den Raum zwischen den Galaxien zu erforschen. // Zu ihrem Leidwesen tauchte bei ihren Messungen ein konstantes, schwaches Grundrauschen auf. Egal, worauf sie ihr Gerät richteten – ob auf einen Galaxienhaufen, Überreste von Supernovae oder New York City –, immer war da dieses atmosphärische Störgeräusch. Der mutmaßliche Verdächtige: Ein Taubenschwarm, der sich im Inneren der heliumgekühlten, sorgfältig kalibrierten Antenne niedergelassen hatte. Anfängliche Versuche, die Tauben umzusiedeln, erwiesen sich als erfolglos und wurden schließlich von einem Techniker mit einer Schrotflinte beendet – wobei weder Penzias noch Wilson jemals die Verantwortung für die Erteilung des Schießbefehls übernahmen. // Aber das Rauschen blieb. Nach Monaten der Fehlersuche wandten sich die Forscher an den Physiker

Robert Dicke. Gemeinsam stellten sie fest, dass sie das Erbe einer gewaltigen, vor 13,8 Milliarden Jahren stattgefundenen Explosion aufgespürt hatten. Für ihre zufällige Entdeckung der kosmischen Hintergrundstrahlung, des Nachleuchtens, das die Theorie des Urknalls bestätigt, erhielten Penzias und Wilson 1978 den Nobelpreis für Physik. // Um diesen ältesten aller Töne zu hören, muss man nicht unbedingt das mittlerweile unter Denkmalschutz stehende Gebäude in New Jersey besuchen. Es genügt, einen leeren Kanal in einem x-beliebigen Radio oder alten analogen Fernseher einzustellen – und schon vernimmt man inmitten des Rauschens und der statischen Störungen eine Spur der Geburt des Universums. Wilson bewahrt sich noch immer eine Aufnahme dieses Klangs auf seinem Mobiltelefon auf. Manche haben ihn mit dem Tosen des Ozeans verglichen, überwältigend, unergründlich. Andere sehen ihn als weißes Rauschen, das alle Sorgen übertönt, ein Wiegenlied, das in eine süße, kurzfristige Form des Vergessens entführt.

Doch welche anderen Entitäten ertönen inmitten dieser Geräuschkulisse aus den Tiefen des Kosmos? Die meisten von ihnen scheinen nicht für menschliche Ohren bestimmt zu sein. Etwa die Schallwellen, die von einem superschweren schwarzen Loch im Zentrum des Perseus-Galaxienhaufens erzeugt werden – ganze 57 Oktaven tiefer als das mittlere C und eine Million Milliarden Mal unterhalb unseres Hörbereichs. Ein konstantes B, und das bereits seit 2,5 Milliarden Jahren – vielleicht ist es gut, dass sich Schall im Vakuum nicht ausbreiten kann. // Um in die unendliche Leere hineinlauschen zu können, müssen wir auf indirekte Mittel zurückgreifen, indem wir andere Formen von Emissionen – Licht, Röntgenstrahlen, Radio- und Gravitationswellen – in etwas umwandeln, das wir wahrnehmen können, um daraus Muster und Bedeutungen abzuleiten. Mit Sonifikation bezeichnet man diesen Prozess der Transformation von Daten in hörbare

Signale. // Die Gruppe SYSTEMS Sound hat zwei Ziele: 1. Die Übersetzung des Rhythmus und der Harmonie des Kosmos in Musik und Klang. 2. Inspiration und Bildung sowie die Förderung von Menschen mit Sehbehinderungen, um ihnen einen Zugang zur Astronomie zu ermöglichen. Ihr Projekt »Universe of Sounds« wurde in Zusammenarbeit mit dem Chandra X-Ray Center der NASA entwickelt und soll die Zuhörer durch die klangliche Interpretation von Teleskopbildern zu Orten und Phänomenen führen, die jenseits unserer Vorstellungskraft liegen. So lauscht man etwa dem Zusammenspiel von Klängen, die den vier vom explodierten Stern Cassiopeia A verstreuten Elementen zugeordnet sind. Man hört das Arrangement von Blechbläsern, Streichern und Holzbläsern, das von der wirbelnden Neutronensternmaschine im Herzen des Krebsnebels stammt. Man nimmt die unheimlichen Trillertöne wahr, die durch die Umwandlung von Licht und Röntgenstrahlen bei den Säulen der Schöpfung entstanden. Diesen kalten, atonalen Emanationen der Weltraum-Sonifikation ästhetische Qualitäten zu entlocken, ist sowohl eine Kunst als auch eine Wissenschaft – ein Mittel zum Verständnis und zur Wertschätzung.

Vielleicht kann die klangliche Schönheit in der Bewegung selbst erkannt werden. So glaubte Pythagoras von Samos, Lautenspieler, Theoretiker und Kopf hinter dem Konzept der *musica universalis*, auch als »Sphärenharmonie« bekannt, dass sogar die Entfernungen zwischen Sternen und Planeten in Musik übersetzt werden können. »Es herrscht eine Geometrie im Stimmen der Saiten. Es liegt Musik in den Abständen der Sphären.« // Ein moderner Pythagoras der Erde wäre enttäuscht zu erfahren, dass unser Sonnensystem keine derartigen Melodien hervorbringt, zumindest nicht für menschliche Ohren; die Umlaufbahnen unserer acht Planeten sind zu ausgedehnt, um ein angemessenes

Hörerlebnis zu erlauben. Ein etwaiger Pythagoras im Planetensystem TRAPPIST-1 dagegen wäre hocherfreut zu entdecken, dass dessen sieben Planeten in orbitaler Resonanz zueinander stehen. Für jeweils zwei Umläufe des äußersten Planeten kreist der nächste innere Planet dreimal und der übernächste viermal, es folgen 6, 9, 15 und schließlich 24 Perioden – Verhältnisse, die für SYSTEMS Sound sehr einfach in Musik umzusetzen sind. Zusätzliche Schnörkel kann man einfügen, indem man mit dem kostenlosen TRAPPIST-1-Sonifikationsmodell auf ihrer Website spielt: Ein Trommelschlag jedes Mal, wenn ein Planet an einem anderen vorbeizieht, um die Anziehungskraft zu veranschaulichen. Ein zusätzlicher Beat, um die schwankende Helligkeit des Zwergsterns zu berücksichtigen. Das Ergebnis klingt fast wie ein komponiertes Stück, wie ein gestimmtes Sonnenorchester. // Stand heute haben Wissenschaftler über 5000 Exoplaneten entdeckt; eine Zahl, die sich etwa alle zwei Jahre verdoppelt. Vielleicht werden wir in nicht allzu ferner Zukunft auf ein System stoßen, das in perfekter Harmonie schwingt und die Musik in den Bewegungen der Sterne genau so erahnen lässt, wie es sich der alte Philosoph, der auf der Suche nach dem Sinn in den Himmel blickte, vor so langer Zeit erträumt hat.

2. Versteinerte Klangbilder: Von den singenden Säulen eines indischen Tempels

Vittala-Tempel, Hampi, Indien / CERN, Genf, Schweiz / Nationalmuseum Neu-Delhi, Indien

Die Felsen von Hampi sind alt, selbst für Steine. Kein Vulkan hat sie ausgespuckt, keine tektonische Bewegung hat sie in die Höhe gehoben: Die Granitblöcke, die diese südindische Landschaft prägen, sind Teil eines sogenannten Inselbergs, die Kruste eines Kontinents, der vor 3,6 Milliarden Jahren existierte. Während alles um sie herum durch Wind und Wetter verwitterte, haben diese geschliffenen Überreste ihren festen Stand behauptet. Geologen kommen ins Schwitzen, wenn sie diese Geschichte aus der unermesslichen geologischen Zeitskala erzählen. // »Die Ausmaße dieser Stadt schreibe ich hier nicht auf, weil man nicht alles von einem Punkt aus sehen kann, aber ich stieg auf einen Hügel, von dem aus ich einen großen Teil davon überschauen konnte; (…) Was ich von dort aus sah, schien mir so groß wie Rom und sehr schön anzuschauen«, schrieb der portugiesische Missionar Domingo Paes im 16. Jahrhundert nach seinem Besuch in der Stadt Vijayanagara, dem heutigen Hampi. »Die Menschen in dieser Stadt sind so zahlreich, dass ich sie nicht aufzählen möchte, weil ich fürchte, dass man es für märchenhaft halten könnte.« Er führt die vielen

Baumhaine im Stadtgebiet auf, die Wasserläufe, die zwischen den Häusern hindurchfließen, freut sich darüber, dass die Stadt genügend Nahrungsmittel für alle hergibt, und schwärmt von ihren lebhaften Basaren. Damals war nur Peking größer. // Imperien sind nicht von Dauer. Was einst Vijayanagara war, liegt heute über eine Fläche von 16 Quadratmeilen verstreut. Doch selbst im hellen Tageslicht wirkt die einstige Stadt noch immer mythisch und magisch. Wenn die Strahlen der untergehenden Sonne die Felsen und Ruinen in goldene und aprikosenfarbene Töne tauchen, ist es, als würden die Steine zu singen beginnen. // Und genau das tun sie. In den Überresten des einstigen Vittala-Tempels tragen 56 musikalische Granitsäulen aus dem 14. Jahrhundert das Dach des heiligen Gebäudes. Wenn man sie mit den Fingern leicht anschlägt, erklingen sie wie Zimbeln, Trommeln oder Muschelschalen. Einige schwingen sanft wie Flöten und Harfen. Andere wie das Jaltarang, ein klassisches indisches Instrument, bei dem mit Wasser gefüllte Schalen unterschiedlicher Größe bei Anschlag jeweils einen anderen Ton erzeugen. Während manche der Säulen in den sieben indischen Tönen von Saptaswara hallen, folgen andere dem System der fünf Töne. // Es wäre sogar möglich, klassische Ragas auf dieser klingenden Architektur zu spielen. Ihr Prinzip ist schwer auf andere musikalische Kontexte zu übertragen, es heißt, Ragas würden den Geist der Zuhörer »färben«. Im Hinduismus geht man davon aus, dass diese Musikstücke ihre eigene natürliche Existenz in dieser unserer Welt innehaben. Die Musiker sollen ihre Melodien und Lieder nicht erfinden, sondern ihre Qualitäten entdecken und erforschen. Ragas können ein Tor öffnen, um den Verstand und das Bewusstsein zu befreien, was die Zuhörer in die Lage versetzt, Moksha zu erlangen, also den Kreislauf der Wiedergeburten ein für alle Mal zu durchbrechen. Daher wird die klassische indische Musik nicht als Ware betrachtet, sondern als spiritueller Weg, den der Musiker seinem Publikum weist. // Es ist noch immer ein Rätsel, wie die Wissenschaftler, Alchemisten und Architekten des alten Reiches von Vijayanagara die musikalischen Säulen konstruierten und sie wie Synthesizer einsetzten, sie also bereits vorhandene Klänge reproduzieren oder völlig neue erschaffen ließen. Als heutige Soundingenieure den Ort untersuchten, entdeckten sie, dass einige der angeschlagenen Säulen mit so niedrigen Frequenzen widerhallten, dass sie das menschliche Ohr überhaupt nicht wahrnehmen kann. Diese Schallwellen interagieren mit den umliegenden Pfeilern und bringen sie zum Zittern, wodurch eine Resonanz entsteht, entfacht durch das akustische Wechselspiel – eine ganz eigene Klanglandschaft erschaffend, die sich aufgrund ihrer durch sich selbst ausgelösten Schöpfung lebendig anfühlt. // Das *Ryōjin hishō* (Lieder, die den Staub zum Tanzen bringen) ist eine Sammlung japanischer Lieder aus dem 12. Jahrhundert. Die Muster, die der Staub hinterlässt, wenn er sich absetzt, nachdem er von der Musik aufgewirbelt wurde, bezeichnen Akustikforscher als Kymatik, ein Phänomen, das bereits von Galileo Galilei während des Zeitalters der Renaissance oder von Robert Hooke während der Epoche der Vernunft erforscht wurde. Doch erst heute integrieren Künstler wie Björk die Kymatik als Erweiterung und Visualisierung ihrer Musik und beobachten dabei, welche Muster entstehen, wenn Schallwellen leichte Materie bewegen. // Die Decke über den Säulen des Vittala-Tempels in Hampi ist mit blumen- oder mandalaähnlichen Steinmetzarbeiten verziert. Es wird vermutet, dass die Ornamente Darstellungen der Klangwellen sind, die in dem jeweiligen Raum entstehen. Jeder Raum trägt zu einer anderen klanglichen Erfahrung bei, jeder Raum bereitet den perfekten Boden für eine bestimmte Schallblüte. Eine Momentaufnahme der Bewegung von Zeit, Materie und Energie. // Es heißt, vor seiner Hochzeit mit Parvati meditierte der Gott Shiva in Hampi.

Als sich das Paar schließlich vereinigte, ließen die Götter Aurum, Goldpartikel, auf die Landschaft regnen, die seither jeden Tag im Morgen- oder Abendrot sichtbar werden. Als Rayleigh-Streuung würde die Wissenschaft das heute bezeichnen. Jeder Sonnenauf- und -untergang eine neue Kymatik, eine neue Blüte des Gesangs der Welt. // In Hampi werden die goldfarbenen Felsbrocken liegen bleiben, bis Regen und Wind sie abtragen. Wenn nur die Vyalas, die Steinstatuen, die den Eingang zu den Musiksäulen bewachen, sprechen könnten. Als Löwe, Greif, Tiger oder Elefant im Kampf symbolisieren sie den Triumph des Geistes über die Materie. //

Eine der eindrucksvollsten Bronzefiguren, die je geschaffen wurden, ist der tanzende Shiva Nataraja, der sich heute im Nationalmuseum von Neu-Delhi befindet und aus den Jahren 1099 bis 1199 stammt. Dargestellt ist Shiva als Gott des Tanzes, wie er durch das Universum schwingt und den Ananda Tendava, den Tanz der Glückseligkeit, vollführt. Von seinem Kopf gehen Wellen aus, die sich zu einem Heiligenschein vereinen, während die Schwingungen seiner Trommel Materie, Energie und Klang sortieren. Eine Nachbildung dieser Statue wurde am Eingangstor des weltgrößten Forschungszentrums für Teilchenphysik aufgestellt, des CERN in der Schweiz. Shiva, so heißt es, wird tanzen bis zum Ende des letzten Tages und auch diesen durchtanzen – bis zum Neuanfang, angeleitet von einem uralten Klang.

3. Uralter Schattenkrieg: Das akustische Wettrüsten zwischen Motten und Fledermäusen

Bracken Cave, Texas, USA / Southwestern Research Station, Arizona, USA

Wenn die Sonne an einem warmen Sommertag untergeht, beginnt am Nachthimmel ein epochaler Krieg. Ohne den amerikanischen Neurowissenschaftler Robert Galambos, der 1944 den Begriff »Echolotung« prägte, um zu beschreiben, wie Fledermäuse durch das Aussenden von Ultraschallrufen und die Verarbeitung von Echosignalen jagen, wären wir vielleicht nie in diesen nächtlichen Konflikt eingeweiht. Seine Entdeckung fiel in eine Zeit, in der ein anderer Konflikt scheinbar endlos währte und Nationen gerade den strategischen Wert der Wahrnehmung von Objekten erkannten, die jenseits des sichtbaren Bereichs liegen. // Die erste Demonstration eines technischen RADARs (Radio Detection and Ranging) zur Erkennung von Flugzeugen fiel auf den 26. Februar 1935 in Daventry. Das von Fledermäusen verwendete Bio-Radar wird dagegen bereits seit fünfzig Millionen Jahren entwickelt. Neueste fossile Funde stützen die Theorie des Flügelflugs vor dem Blindflug, was bedeutet, dass die Vorfahren der Fledermäuse zuerst den Flug entwickelten, bevor sie die Welt ausschließlich mithilfe von Schall navigierten. Fliegen ist ein kalorienintensives Unterfangen, und die Echoortung mag es den Fledermäusen ermöglicht haben, den nahrungsreichen Nachthimmel für sich zu erschließen. // Besonders Motten haben sich für viele insektenfressende Fledermausarten als ideale Beute erwiesen. Millionenstarke Kolonien mexikanischer Freischwanzfledermäuse fliegen jeden Frühling aus der Bracken Cave in Texas, um sich an den saisonalen Schwärmen von Baumwollkapselwurm-Motten zu laben. Mit einer Flughöhe von bis zu drei Kilometern und einer horizontalen Höchstgeschwindigkeit von mehr als 160 Kilometern pro Stunde übertrifft das Leistungsprofil von Freischwanzfledermäusen das von Mauerseglern und Schwalben bei Weitem. Ungeschätzt, unbemerkt und in der Dunkelheit zu Hause, sind Fledermäuse die wahren Phantomflieger des Tierreichs.

Was kann eine bescheidene Motte gegen solch hoch entwickelte Jäger ausrichten? Eine ganze Menge, wie sich herausstellt. In der Natur wie auch in langwierigen Kriegen führen Maßnahmen zu Gegenmaßnahmen. Es gibt über 100 000 Mottenarten auf der Welt, und viele davon haben ganz spezielle Abwehrmechanismen gegen diese ihre tödlichsten Feinde entwickelt. Einige haben einen Sinnesapparat hervorgebracht, mit dem sie das Klicken und Zirpen der echolokalisierenden Fledermäuse im Flug wahrnehmen können, sodass ihnen gerade genug Zeit bleibt, im nächtlichen Luftkampf abzutauchen oder aufzusteigen. Die Große Wachsmotte besitzt die wohl empfindlichsten Ohren überhaupt und kann Frequenzen von bis zu 300 kHz wahrnehmen – die Grenze des menschlichen Hörvermögens liegt bei 20 kHz. Sie ist sogar in der Lage, selbst die höchsten Quiekgeräusche der Percivals Kleinohr-Dreizackblattnasen-Fledermaus zu erfassen, mit 212 kHz ein wahrer Fledermausrekord. // Manche Motten, die völlig taub sind, haben sich für eine andere Strategie entschieden: Sie verhalten sich absolut unauffällig. Der Biologe Marc Holderied von der University of Bristol entdeckte, dass der pelzige Thorax der ohrlosen Suraka-Seidenmotte ankommenden Ultraschall absorbiert und unlesbare Signaturen an die sie jagenden Fledermäuse zurückschickt. Des Weiteren entdeckte er, dass die Flügel der chinesischen Tusar-Motte eine Metastruktur aus individuell aufeinander abgestimmten Schuppen aufweisen, die die Resonanz nutzen, um mindestens drei Oktaven Schall zu verschlucken – ein komplizierter, unglaublich dünner akustischer Mantel, der Fledermäuse hungrig und Materialingenieure ratlos zurücklässt.

Sollten sich Früherkennung und Tarnung als unzureichend für die Abwehr von Fledermäusen erweisen, nutzen einige Motten ein System aus Schallschatten und aktiver Störung. Die Amerikanische Mondmotte hat Hinterflügel entwickelt, die sensorische Phantome erzeugen und so die Fähigkeit der Großen Braunen Fledermäuse behindern, ihre lebensnotwendigen Körperteile zu treffen. Die Motte mit dem Namen *Bertholdia trigona* wiederum ist in der Lage, eine Reihe von Klicklauten auszusenden, die das Timing der ankommenden Mausohrfledermäuse durcheinanderbringen, sodass diese ihr Ziel knapp verfehlen. »Fledermäuse fangen zehnmal mehr lautlose Motten als klickende Motten«, so der Verhaltensökologe Aaron Corcoran von der Southwestern Research Station in Arizona. // Allerdings existiert nur ein kleines Zeitfenster für eine effektive Störung. Das Klicken der Motten muss innerhalb von ein bis zwei Millisekunden erfolgen, um das Ortungssystem der Fledermäuse zu beeinträchtigen: Eine hauchdünne Spanne zwischen Gefressen-Werden und Davonflattern, um einen weiteren Tag zu überleben.

Einige Botschaften der Motten sind weniger als Störung, sondern vielmehr als ausdrückliche Warnung gedacht: Leg dich bloß nicht mit mir an, sonst wird es dir leidtun. Wenn sie von Fledermaussignalen ins Visier genommen werden, lassen Martinsflechtenmotten ihre unangenehme Natur für potenzielle Prädatoren erklingen, die ihre Laute mit einem schrecklichen Fresserlebnis in Verbindung bringen. Für Nicolas Dowdy vom Milwaukee Public Museum scheinen diese Falter bei ihren Flügen »lässiger« zu sein und weniger Ausweichmanöver zu vollziehen, was von ihrem Vertrauen in ihre chemischen Abwehrkräfte zeugt, die sie durch die Aufnahme giftiger Pflanzen in früheren Raupenstadien entwickelt haben. // Diese Strategie, die als akustischer Aposematismus bezeichnet wird, kann auch anderen, durchaus schmackhaften Opfern Schutz bieten, wenn es ihnen gelingt, den Ruf nachzuahmen. Der Anreiz, sich als Imitator zu versuchen, ist also groß, was die Warnbotschaft jedoch zum Nachteil aller verwässern kann. Dieses Phänomen, Bates'sche Mimikry genannt, hat zur Folge, dass sich die übel schmeckenden Motten nicht nur mit ihren Erzfeinden aus der Gattung der Fledermäuse auseinandersetzen müssen, sondern auch mit ihren köstlich schmeckenden Verwandten, die aus reinem Eigeninteresse und in betrügerischer Absicht handeln.

So verlagern sich die Töne, und es entstehen neue Strategien. Motten entwickeln immer komplexere Methoden, um der Angriffslust der Fledermäuse zu begegnen. Fledermäuse dagegen entwickeln immer bessere Techniken, um die Mottenabwehr zu überwinden. Es gibt nur Anpassung oder Auslöschung, nur den Wandel – und das ist das Leben. // Einige Motten haben sich sogar entschieden, vor Fledermäusen und Schatten in den Tag zu flüchten, in das Reich der Farben und des Lichts. Doch durch ihr Verlassen des einen Kreislaufs sind sie nur in einen anderen geraten. Denn wenn die Sonne aufgeht, warten schon andere Feinde auf sie – die Vögel. Ein wirkliches Entkommen aus dem Wettrüsten zwischen Jagenden und Gejagten ist in der Natur nicht vorgesehen. Der Tanz wird immer über einem Abgrund getanzt.

4. Höhlen, Klänge und die menschliche Vorstellungskraft

Die Pertosa-Auletta-Höhlen, Italien / Die Höhle von Altamira und paläolithische Höhlenkunst in Nordspanien

Eine Reise in die Höhlen von Pertosa beginnt in der Halle der Wunder. Dort besteigt man ein Boot, um den unterirdischen Fluss zu überqueren. Es wird von Führern von Hand gezogen. Auf der anderen Seite vernimmt man das Rauschen des Schwarzen Wasserfalls, betritt Höhlen mit so klangvollen Namen wie Belvedere oder Großer Saal und bestaunt unterirdische Gebilde, die im Laufe von 34 Millionen Jahren entstanden sind. // Auch Künstlern und Filmemachern entging die Akustik dieses natürlichen Auditoriums nicht, das seit 1932 für Touristen geöffnet ist. In den letzten Jahren haben örtliche Theatergruppen die Besucher mit Aufführungen von Dantes *Inferno* beglückt, wobei der unterirdische Schauplatz als der zehnte Kreis der Hölle diente, aber auch die Sage von Odysseus' Abstieg in den Hades auf der Suche nach dem Wahrsager Teiresias wurde inszeniert. Der italienische Meister des Giallo, Dario Argento, drehte hier 1998 Szenen für seine Verfilmung von *Das Phantom der Oper*. Das ist nicht weiter verwunderlich: Es gibt wohl keinen geeigneteren Ort auf der Welt, der sich besser als Unterschlupf für eine unerwiderte Seele mit einem Hang zum

Dramatischen eignet als dieses Höhlensystem, ausgestattet mit Kammern mit so klangvollen Namen wie Thronsaal, in dem es sich in Angst und Einsamkeit Orgel spielen lässt, oder dem Saal der Vereinigung, in dem sich Stalaktit und Stalagmit danach sehnen, einander zu berühren, um sich eines fernen Tages zu küssen und miteinander zu verschmelzen.

Abgeschirmt von der äußeren Welt des Lichts und des Wandels dienten Höhlen bereits in der Frühgeschichte als Kultivierungsorte für den menschlichen Impuls, die innersten Wünsche in die Realität umzusetzen. Überall auf der Welt trieb es die Menschen immer wieder in die Dunkelheit, um dort dem, das über sie hinausreicht, einen elementaren Ausdruck zu verleihen. So fanden Bilder von Auerochsen und Löwen in die Höhlen von Chavet in Südfrankreich. So beobachtet ein Trio von Sulawesi-Schweinen einander an den Wänden von Leang Tedongnge in Indonesien. Hunderte von schablonierten Handabdrücken geben der Höhle, die heute als Ceuva de las Manos in Argentinien bekannt ist, ihren Namen. // Doch während Linien in Ocker und Kohle die Zeiten überdauern, sind die akustischen Spuren, die diese Darstellungen begleiteten, längst verschwunden, eingedrungen in den porösen Kalkstein. Welche Klänge begleiteten die Entstehung und Feier dieser Werke? Welche Einblicke in die Gedankenwelt der Menschen der Frühgeschichte lassen sich aus den stillen Klanglandschaften gewinnen, die sie hinterlassen haben? // Die Archäoakustik erforscht die Verbindung zwischen Menschen und Tönen im Laufe der Evolution. Sie beschäftigt sich also mit einem Phänomen, das, obgleich kaum fassbar und flüchtig, viele Traditionen und Kulturen miteinander verbindet. In den 1980er-Jahren entdeckte der Anthropologe Iégor Reznikoff, dass die Dichte der paläolithischen Höhlenkunst proportional zur Klangqualität des Ortes zu sein schien. Kleine rote Punkte an bestimmten Stätten markierten maximale akustische

Resonanz. Womöglich wurden dort klangbasierte Rituale durchgeführt, die dazu dienen konnten, Körper und Erde zu einer Einheit zu verschmelzen: »Aufgrund der Resonanz wird der ganze Körper miteinbezogen, manchmal auf subtile Art und Weise. Der Ansatz ist im Wesentlichen physisch; in dieser Hinsicht können wir sagen, dass die Klänge und die gesamte Situation urtümlich sind. Da sowohl der Körper als auch die Höhle vibrieren, können wir von einer erdigen oder mineralischen Dimension des Klangs sprechen.«

Ritual. Beschwörung. Gesang. In den mit Tierbildern verzierten Kammern können Kunst und Klang zusammenwirken, um die mehr-als-menschliche Welt zu erwecken. Über die Wirkung von Darstellung und Mimikry sagte Reznikoff: »Von der Wirkung dieser Tierlaute ergriffen und sie nachahmend, kann man nicht anders, als sich mit dem entsprechenden Tier zu identifizieren (…) Es ist manchmal beängstigend, aufgrund der Kraft der damit verbundenen Identifikation; dies erinnert uns stark an schamanistische Besessenheit oder Trance.« Es gilt: In der richtigen Höhle, an der richtigen Stelle, dann wird das Klatschen zum Hufschlag. Echos verschwimmen, hallen nach und geben das Bild einer stürmenden Raubtierherde wieder. Fackellicht und Schatten flackern über die Umrisse von Wildpferden, Elchen und Mammuts. Jäger und Gejagte beginnen einen Tanz um das, was kommen wird, oder zu Ehren dessen, was schon immer war und immer wieder von Neuem sein wird. // Modalitätsübergreifender Informationstransfer – ein von dem Linguisten Shigeru Miyagawa vorgeschlagener Begriff, der den Wissensfluss zwischen den auditiven und den visuellen Zentren in den wachsenden Gehirnen der frühen modernen Menschen bezeichnet. Aus dem Zusammenspiel von Schöpfung und Vergegenwärtigung ergibt sich eine Transmutation. Das Abstrakte entsteht. Vielleicht war es ja in einer Höhle, als der Symbolgeist unserer Spezies Gestalt annahm. Eingebettet in den blinden Schoß der Welt entzündeten sich die ersten Funken der menschlichen Vorstellungskraft.

Das Projekt »Song of the Caves« unter der Leitung von Rupert Till hatte zum Ziel, die akustischen Spuren von fünf Orten im Höhlensystem von Altamira in Nordspanien zu erforschen. Tills Team aus Musikern und Archäologen kartierte nicht nur jeden Innenraum, sondern brachte auch authentische Rekonstruktionen von Instrumenten mit, die in den Räumen gespielt und aufgenommen werden sollten. In der Bisonkammer von El Castillo erklingt das leise Surren eines Schwirrholzes, ein blattförmiger Stein, der an einer Schnur um den Kopf geschwungen wird. In der Hirschkammer von Las Chimeneas vibriert das Dröhnen und der leichte Nachhall der Trommel eines Schamanen. Till berichtet in einem Interview, wie einer der Musiker in völliger Dunkelheit eine Nachbildung einer 40 000 Jahre alten Geierknochenflöte zu spielen begann. »Die Musik schien die Umgebung zum Leben zu erwecken«, sagt er schlicht. So wie sie vor langer, langer Zeit vielleicht aus einer anderen Flöte erschallte, die frisch geschnitzt zum ersten Mal in einer anderen, noch zu entdeckenden Höhle gespielt wurde.

5. Rekonstruktion des Paläoschalls: Wie man den Klang vergangenen Lebens zurückholt

Museum of Modern Art, New York City, New York, USA / Jamal-Halbinsel, Autonomer Kreis der Jamal-Nenzen, Russland / Wrangelinsel, Autonomer Kreis der Tschuktschen, Russland

»Es ist bedauerlich, dass Schallwellen vergehen«, sinniert die amerikanische Schriftstellerin Amy Leach in ihrem Essay *Goats and Bygone Goats*. Täten sie das nicht, »wäre die Welt voll von vergangenem Klang, so wie der Himmel voll von vergangenem Licht ist. Die Welt wäre wie der Verstand, für den es kein Einst gibt.«

Keine Wissenschaft widmet sich der Wiedererweckung erloschener Klänge. Während Museen Schaubilder vergangener Ökosysteme und Taxonomen Knochen ausgestorbener Lebewesen nachbauen, bestehen die Stimmwerkzeuge – Stimmbänder und Lungen, Atemwege und Gaumen – aus Weichteilen, die keine Spuren im fossilen Bestand hinterlassen. Die prähistorischen Klanglandschaften – egal wie lebendig und vibrierend sie einst gewesen sein mögen, egal wie viele Stimmen sich in einer gemeinsam erzeugten Kakophonie wiederfanden – gingen nach ihren

Äußerungen augenblicklich verloren und verflüchtigten sich im Wind der Zeit.

Aber was, wenn es doch einen Weg gäbe, diesen längst vergangenen Sinneseindruck zurückzuholen? Das fragte sich auch die französische Künstlerin Marguerite Humeau und präsentierte ihre Ergebnisse 2011 in einer Ausstellung im Museum of Modern Art unter dem Titel *Back, Herebelow, Formidable*. Dafür tauschte sie sich mit Experten aus – zu denen auch der Chirurg gehörte, der die zweite erfolgreiche Kehlkopftransplantation der Welt durchgeführt hatte – und konstruierte eine neue Kehlkopfstimme für Lucy, den berühmten drei Millionen Jahre alten äthiopischen Menschenaffen. Der Apparatus besteht aus SLA-Harz, Acryl, Gummi und Magnetventilen. Ein Zischen im Hintergrund: Luft, die durch einen schwarzen motorisierten Luftkompressor geleitet wird, um den Atem zu simulieren. Das eskalierende Wehklagen: Es klingt menschlicher, als man es von so einem mechanischen Frankenstein erwarten würde. So authentisch wirkt es, dass es fast an Abscheulichkeit grenzt.

In Humeaus ähnlicher Ausstellung, der *Opera of Prehistoric Creatures*, sind unter anderem die Resonanzkörper und Rufe eines Entelodons, eines laufenden Wals (*Ambulocetus*) und eines Kaisermammuts zu hören. Das Kaisermammut ist sechs Meter lang, seine Stimmbänder sind fast zwanzig Zentimeter breit. Die Ausstellungsbesucher konnten sein Knurren durch ihren Körper rollen spüren, den Bass in ihrer Brust fühlen. Kinder, so heißt es, liefen vor Angst davon. Die Quellen, die Humeau für ihre Rekonstruktionen heranzog, waren: CT-Scans heutiger asiatischer Elefanten aus dem Berliner Institut für Wildtierforschung, Hinweise von Steven Spielbergs Berater bei den Dinosaurierrufen in *Jurassic Park* und Gespräche mit einem französischen Forscher, dem die Entdeckung gefrorener Wollmammuts in Sibirien zugeschrieben wird, darunter Lyuba, ein ein Monat altes Kalb, das vor 42 000 Jahren in den Schlammmassen der Jamal-Halbinsel erstickte.

Im Gegensatz zur toten Lucy beschwört das tiefe, gutturale Grollen aus Humeaus mit Subwoofern verstärkte Installation ein Geschöpf herauf, das seinem täglichen Leben nachgeht. Nur wir, die wir uns in einer fernen Zukunft befinden, interpretieren diese Töne als klagend. Humeau versucht, in ihrer Arbeit wissenschaftliche Fakten mit Imagination und Spekulation zu verschmelzen, um »starke physische, fast übernatürliche Erfahrungen« zu erwecken.

Was Forscher wissen: Die letzten Mammuts starben vor 4000 Jahren. Während die Sumerer Zikkurate hochzogen und sich die Pyramiden von Gizeh im Bau befanden, fristete eine kleine, isolierte Population ihr Dasein auf der Wrangelinsel im Nordpolarmeer, eine halbe Weltreise entfernt. Was Forscher vermuten: Ihr Ende kam schnell, möglicherweise durch ein einziges extremes Vereisungsereignis, das die Tiere daran hinderte, genügend Nahrung zu finden. Angeregt durch Humeaus Arbeiten sind wir heute aufgefordert, neue Geschichten für ein für immer in die Vergangenheit verbanntes Tier zu erfinden. Was hallt nach im letzten Ruf des letzten Mammuts, der noch über einem Reich aus Firn und wirbelndem Schnee ertönte? Ob es wohl vergeblich trompetete, in der Hoffnung auf eine Antwort, die nie kommen würde? Und wie sollten wir selbst mit diesem Schicksal umgehen, wenn wir uns der drohenden Schwelle von der Anwesenheit in die Abwesenheit nähern, die wir alle eines Tages werden überschreiten müssen?

6. Über große Entfernungen: Klangbotschaften in Luft und Wasser

Pitt Rivers Museum, Oxford, England / Sargassosee, Atlantischer Ozean / Schweizer Alpen

Wenn die Charonia-Muschel einen leuchtend roten Seestern entdeckt, nähert sie sich ihm lautlos, über Korallen und Felsen. Da sie geringfügig schneller ist als ihre Beute, gibt es für den Seestern kein Entkommen. Die Charonia kriecht auf den Seestern, drückt ihn mit der Muskulatur ihres einen Fußes fest zu Boden, streckt dann ihre Radula, eine Zunge mit Messern und Schabern, heraus und beginnt, in sein Fleisch zu sägen. Sobald sie in sein Inneres eingedrungen ist, setzt sie mit ihrem Speichel ein lähmendes Gift frei und verzehrt ihr Opfer in aller Ruhe. Zuerst die besten Teile, die Geschlechtsorgane und den Darm. Der einzige Ausweg für den Seestern besteht darin, einen Arm aufzugeben und zu hoffen, dass er eine gewisse Strecke zurücklegen kann, bevor die Charonia wieder Appetit verspürt. Ganz nebenbei tut sie dabei etwas Gutes für ihr Ökosystem: Dornenkronenseesterne, die bis zu achtzig Zentimeter groß werden können und giftige Stacheln aufweisen, haben ansonsten keine natürlichen Fressfeinde, und so sorgt die Charonia für ein gesundes Gleichgewicht im Korallenriff, wenn sie sich von ihnen ernährt. // Die an Land gespülte leblose Hülle einer

Charonia ist als Tritons Trompete oder Tritons Schnecke bekannt – ihr Namensgeber ist kein Geringerer als der Sohn des Poseidon. Auf antiken Mosaiken und Kacheln wird Triton auf dieser Muschel spielend dargestellt. Er glättet damit die Wogen des Meeres. // Es genügt, in ein Loch in der Muschel zu blasen, um einen Ton zu erzeugen. Er hallt durch ihre schillernden Perlmuttkammern, gegen ihre hohle Kalziumkarbonathülle und steigt spiralförmig in ihrer kegelförmigen Struktur empor, die, so heißt es in indischen Sagen, die Bewegungen der Planeten widerspiegelt. Die kostbare Muschel wird von den Priestern der Insel-, Meeres- und Bergkulturen zwischen Polynesien und Tibet, von Japan bis Mexiko, geschätzt. Der Hindu-Gott Vishnu hält sie in der Hand, Quetzalcoatl, der aztekische Gott des Windes, trägt sie um den Hals. Sie wird als Instrument eingesetzt, um andere Welten anzurufen, mit Naturwesen zu kommunizieren oder Regen herbeizulocken. //

Wenn die Fichten in den Schweizer Alpen aus den felsigen und steilen Hängen herauswachsen, schießen sie im rechten Winkel hervor, sich mit ihren Wurzeln fest an den Boden klammernd. Erst später heben sie ihren Geist und streben gerade nach oben, dem Himmel, der Sonne entgegen. Was bleibt, ist ein Bogen am unteren Ende ihres Stammes, eine Kurve, die eine Geschichte erzählt. // Geschnitten und ausgehöhlt ergibt ein solcher Baumstamm ein langes, trompetenähnliches Instrument – das ikonische Alphorn. Wenn man in das Mundstück an seinem oberen Ende bläst, breiten sich die Schallwellen im Inneren des Rohrs aus, bis hin zu dem sich erweiternden Bogen am unteren Ende und dann hinaus in die Welt. Seine Töne stehen in der natürlichen Tonleiter und werden als wohlklingend und harmonisch beschrieben, sind in ihrer Komplexität vielleicht etwas simpel, aber immer erfreulich. Als es ab Mitte der 1900er-Jahre unter Stadtmenschen in Mode kam, dem Gefühl der verlorenen Natur nachzuspüren und es in der Schweizer

Bergwelt zu suchen, wurde dem Alphorn eine größere Geschichte zuteil, als ihm vielleicht zusteht. Es verbreitete sich die Sage vom einsamen Hirten, der im Sommer allein auf der Alm lebte und sehnsüchtige Melodien für seine Liebsten in den Tälern spielte. Helden, so wurde behauptet, bliesen einst laut und eindringlich von ihren Aussichtspunkten, um vor Feinden zu warnen. Das alles mag zuweilen vorgekommen sein, aber viel eher diente das Horn der Kommunikation mit den Kühen. »Sie leben in einer anderen gefühlten Zeitzone und die leisen Brummtöne des Horns scheinen in ihre Sphäre einzudringen«, sagt der süddeutsche Künstler Jonas Ried, der sein eigenes Alphorn gebaut hat, mit dem er die Kuhställe seiner Heimat aufsucht und sie bespielt. »Sie reagieren immer, es sei denn, sie haben Magenprobleme.« //

Wenn die Nachricht aufwendig und ihr Ziel weit entfernt ist, können kleine Zettel an die Beine von Vögeln gebunden werden. Brieftauben kommen zunehmend wieder zum Einsatz, da sie etwas gewährleisten, was kein Internetdienst mehr von sich behaupten kann – eine geheime Zustellung. Dabei hat sich herausgestellt, dass laute Brieftauben ihr Ziel besser erreichen als leise. Die *geling* oder *geshao* sind kunstvoll geschnitzte Pfeifen, die am Schwanz von Brieftauben befestigt wurden, um sie vor Angriffen von Greifvögeln zu schützen. Der Flugwind strich durch die Pfeife, wodurch sie eine Warnung an andere Vögel sandte und als Nebeneffekt den menschlichen Lebensraum mit einer äolischen Klanglandschaft belebte. Wenn »die Vögel fliegen, bringt der Wind, der durch die Pfeifen weht, diese zum Schwingen und erzeugt so ein Freiluftkonzert, denn die Instrumente ein und desselben Schwarms sind alle unterschiedlich gestimmt. An einem heiteren Tag in Peking, wo diese Instrumente mit großem Geschick und Einfallsreichtum hergestellt werden, ist es möglich, diese Musik in der Luft zu genießen, während man in seinem Zimmer sitzt«, schrieb der deutsche Sinologe Berthold Laufer 1908. Das Pitt Rivers Museum in Oxford beherbergt 78 Vogelpfeifen aus China und Indonesien, und Nathaniel Mann, ein ehemaliger Artist in Residence des Museums, hat neue Formen und Klangfarben entwickelt, die es den Zuhörern ermöglichen, »den Flug der Vögel in Klang zu hören«. // Während solche Super-Klang-Tauben weite Strecken für die Zustellung von Nachrichten zurücklegen können, gibt es Tiere auf unserem Planeten, die schneller und über viel größere Distanzen kommunizieren. //

Einst lebten die Vorfahren der Wale an Land. Wie alle anderen Tiere auch verständigten sie sich mit Lauten, die durch die Luft übertragen wurden. Anpassung an das Leben im Wasser bedeutete also auch die Evolution einer neuen Form der Kommunikation. // In der Tiefsee liegt in etwa 1000 Metern Tiefe der SOFAR oder Deep Sound Channel, der durch den steigenden Salzgehalt und die sinkende Temperatur des Wassers entsteht. Menschen entdeckten ihn erst während des Zweiten Weltkriegs und spionierten sich über seine klangleitenden Eigenschaften gegenseitig aus. In der richtigen Frequenz bespielt, vermag dieser Klangkanal Laute bis zu 21 000 Kilometer weit zu übertragen. // Wale wissen dieses Phänomen für ihre eigene Lebenswelt zu nutzen. Ein Finn- oder Blauwal, der vor Irland in diesen Sound Channel hineinsingt, kann von seinen Walverwandten vor den Bermudas schon zwanzig Minuten danach gehört werden. Eine Antwort würde ihn vierzig Minuten später erreichen. // »Wenn Wale ihre Gesänge nutzen, um miteinander zu kommunizieren, dann tun sie das nicht nur über den Raum, sondern auch über die Zeit hinweg«, sagt Chris Clark, Forscher am Bioacoustics Research Program der Cornell University, der zusammen mit Roger Payne die Langstreckenrufe der Wale entdeckt hat. »Sie wiederholen denselben Ton immer und immer wieder, und das in sehr präzisen Abständen. (…) Wenn man ein

Signal entwerfen wollte, mit dem man über Ozeane hinweg kommunizieren könnte, käme man auf etwas, das dem Gesang der Blauwale ähnelt.« Es wird vermutet, dass sie damit exakte mnemonische Karten des Meeresgrunds erstellen. // Die Ozeane, eine Welt voller klingender Botschaften. Diesen nicht nur zu lauschen, sondern sie mit dem ganzen Körper zu spüren, einzutauchen in eine Welt voller Vibrationen – wir sind noch weit davon entfernt, zu verstehen, was das bedeutet.

7. Nachhall durch Zeiten und Schicksale: Das Klangorakel von Dodona

Die archäologische Stätte von Dodona, Griechenland

Oktober 2021. Das antike Theater in der archäologischen Ausgrabungsstätte von Dodona wird derzeit restauriert. Die Besucher dürfen sich nicht auf den *summa cavea* begeben, den obersten Rang, der einst für Frauen und Kinder reserviert war. Sie werden aufgefordert, den Bühnengraben zu betreten, um sich von hier aus die 55 Sitzreihen in ihrer ursprünglichen Pracht vorzustellen. // Es gibt dort eine bestimmte Stelle, genau in der Mitte, von wo aus der Ruf in die Arena auf den sprechenden Körper zurückgeworfen wird und eine Resonanz erzeugt, die die Stimme zu verstärken scheint – oder den eigenen Mut festigt, so, wie es möglicherweise die Verdammten versuchten, als sie während der Herrschaft von Kaiser Augustus im 1. Jahrhundert n. Chr. gegen ihre animalischen Gegner anbrüllten. Damals nutzten die Römer das Theater als Gladiatorenarena für die *damnatio ad bestias*. Vielleicht lässt sich diese Zuversicht auch durch die umgekehrte, massenerzeugte und noch weiter in die Vergangenheit zurückreichende Übertragung von Klängen vermitteln, die von den über 17 000 Zuschauern desselben Theaters auf die Schauspieler während der Herrschaft des griechischen Königs Pyrrhos im 3. Jahrhundert v. Chr. ausgingen.

Schall kann nicht nur bestärken, sondern auch verstärken. Doch wie und auf welche Weise? // Phyllomantie leitet sich von den griechischen Wörtern *phyllo* (Blatt) und *manteia* (Prophezeiung) ab. Östlich des Theaters von Dodona befinden sich die noch älteren Ruinen eines heiligen Tempels, der dem Orakel des Zeus geweiht war. Im Gegensatz zum berühmteren Orakel des Apollon in Delphi fanden die Priester von Dodona die Antworten nicht durch das Einatmen irdischer Emanationen, sondern durch das Entschlüsseln des Raschelns der Blätter einer heiligen Eiche und des Gurrens der wilden Tauben, die in ihren Zweigen nisteten. Im 8. Jahrhundert v. Chr. wurde ein Ring aus Bronzekesseln auf Dreibeinen um den Baum herum aufgestellt. Wenn man sie anschlug, ertönten sie und bildeten so einen Schutzwall gegen das Böse.

In der Überlieferung wie auch in ihren einstigen Leben befragten Menschen aus ganz Magna Graecia das Orakel in der Hoffnung auf Antworten. // Achilles bat um die sichere Rückkehr von Patroklos, seinem liebsten Kameraden – ein Gesuch, das abgelehnt wurde, möglicherweise weil er das Orakel aus der Ferne konsultierte. Odysseus erzählt eine Geschichte, in der er den Rat des Orakels ersuchte, in der Frage, ob er als er selbst oder in Verkleidung nach Ithaka zurückkehren solle. Jago wurde aufgefordert, einen Zweig des gesegneten Baumes an den Bug der *Argo* zu binden, um auf seiner Suche nach dem Goldenen Vlies eine direkte Verbindung zu den Göttern zu erhalten. Aber auch banalere Fragen von gewöhnlichen Menschen wurden vorgebracht, auf Bleitafeln geritzt haben sie so lange überdauert wie die Epen selbst: zu Geschäften und Schulden, zu Entscheidungen über Eheschließungen und Mitgiften, zum Viehbestand und Lebensunterhalt. Einst wollte ein Mann namens Hermon wissen, zu welchem Gott er beten solle, damit Kertaia ihm nützliche Nachkommen gebäre. Das Orakel wusste Antwort – sowohl bei großen wie auch bei kleinen Angelegenheiten.

Weiter zurück, und noch weiter zurück, und noch etwas weiter. // Lange vor der Zeit der Gladiatorenkämpfe und Bühnenspiele, vor der Errichtung von steinernen Gebäuden und dem Zeuskult reisten Pilger in dieses Tal an den östlichen Hängen des Berges Tomaros, um nicht nur diese eine einzelne Eiche, sondern einen ganzen heiligen Hain um Rat zu fragen. // Es ist nicht viel darüber überliefert, außer dass die Anbeter der Großen Göttin der Fruchtbarkeit und des Überflusses die Bedeutung der sich ständig verändernden Geräusche im Hain erahnten, dort, wo die Bäume im Wind leise miteinander flüsterten; und dass die Priester diese Gabe der Vorhersehung ehrten, indem sie auf dem Boden schliefen und sich nie die Füße wuschen, um die Verbindung mit Mutter Erde zu wahren.

Die Stille der Steine überdauert selbst den langatmigen Gesang der Bäume. In Dodona gibt es seit vielen Jahrhunderten keinen Hain mehr. Städte und Reiche steigen und fallen wie Wellen, sie sind dazu bestimmt, sich zu wiederholen und wie Echos zu verklingen. Die damals eingravierten Fragen wurden beantwortet und geborgen, als Artefakte des Altertums zur Ausstellung nach Athen verschifft. // Und doch steht heute noch immer eine einzelne Eiche in der archäologischen Stätte von Dodona. Vielleicht ist diese Nachfahrin nur ein Überbleibsel, eine Erinnerung an den Ruhm ihrer Ahnen. Vielleicht aber ist die prophetische Kraft allen Eichen immanent, und der Baum übersetzt auch jetzt noch den sanften Regen, der auf das Tal fällt, und ist bereit, einer neuen Generation Ratschläge zu erteilen – wenn wir uns nur an die Zeichen erinnern und wieder lernen würden zuzuhören.

8. Das Lied vom Wind: Die kuriose Geschichte der Äolsharfe

Schloss Hohenbaden, Baden-Baden, Deutschland / Die Äolischen Inseln, Italien / Golden Gate Bridge, San Francisco, Kalifornien, USA

»Die Äolsharfe ist ein Musikinstrument, das durch Wind in Bewegung versetzt wird. Als Instrument ist sie nicht sehr bekannt, aber dennoch sehr kurios, und auf Wunsch einiger unserer Leser geben wir hiermit eine Beschreibung davon.« So ein Eintrag im *Scientific American Supplement* Nr. 483, veröffentlicht am 4. April 1885 – eingebettet zwischen »Selbst gebasteltes Spielzeug« und »Herstellung von Leuchtgas«. Darin ein Verweis auf das erste kastenförmige Modell, von einem deutschen Jesuiten namens Athanasisus Kircher aus dem Jahr 1558, das mit Saiten aus Katzendarm bespannt war; es folgen Skizzen und Beschreibungen späterer Verfeinerungen, darunter eine besonders berühmte Ausführung auf Schloss Hohenbaden in Baden-Baden; dann als Nachtrag: »Instrumente, die spontan in Resonanz gehen, wenn sie Luftströmungen ausgesetzt sind, fielen wahrscheinlich ›Naturbeobachtern in der Antike‹ auf.« // Hinweise auf Lieder, die von keiner sterblichen Hand gespielt werden, reichen in Geschichte und Mythos sogar noch weiter zurück. Der Musikwissenschaftler und Instrumentensammler Carl Engel spekulierte, dass es sich bei der Leier, die in der Bibel über dem Kopfkissen von König David hing, um eine hebräische Kinnor gehandelt haben muss, ein tragbares Instrument, das den König um Mitternacht weckte, wenn die Nordwinde wehten. Der Begriff »Äols« selbst leitet sich von Aeolus ab, dem griechischen König der Insel Aeolia. Er war der Herr der Winde und bot dem heimwehkranken Odysseus den Weg zurück nach Ithaka in Form einer großen Gunst an: Er schenkte ihm einen mit Silberfäden genähten Ochsenledersack, der die Macht hatte, alle Winde zu bändigen, außer dem, der nach Westen in Richtung seiner Heimat wehte. Die Habgier in den Herzen der Männer erwies sich jedoch als ihr Verhängnis: Gerade als die Küste Ithakas in Sicht kam, öffnete Odysseus' Mannschaft den Sack, in dem Glauben, er sei mit Reichtümern gefüllt. Alle darin eingeschlossenen Winde wurden entfesselt und die Schiffe vom Sturm dorthin zurückgeblasen, woher sie kamen. Es sollten noch viele Jahre vergehen, bis Odysseus einen Fuß auf seine Küste setzte. Vielleicht dient der Begriff »Äols« hier sowohl als Beschreibung wie auch als warnendes Beispiel: Der Wille der Winde darf nicht vom Ehrgeiz der Menschen besudelt werden, es sei denn, man wünscht sich keine reibungslose Reise, sondern eine tragische.

Das Instrument, das nicht gespielt werden sollte, das Instrument, das verloren ging und dann wiederentdeckt und popularisiert wurde. Mit einem Hauch des Göttlichen versehen, wurde die Äolsharfe zum Prüfstein für die Romantiker. // Zurück zur Beilage Nr. 483: Der französische Komponist Hector Berlioz beschreibt darin die Melancholie einer Äolsharfe, die mitten im Winter gespielt wird, und fordert den Leser auf, »nicht in ein tiefes Gefühl der Traurigkeit und der Verlorenheit abzusinken, oder eine vage und unendliche Sehnsucht nach einer anderen

Existenz« zu empfinden. // Der englische Dichter Samuel Coleridge verbrachte drei Jahrzehnte mit der Arbeit an seinem Blankvers *Aeolian Harp*, den er in eine Betrachtung einband, die von der Liebe und der Ehe mit seiner Frau Sarah bis hin zu der Frage reichte, ob Lebewesen als organische Instrumente betrachtet werden können, die zwar verschiedene Gestalten annehmen, aber alle durch ein einziges Zittern eines heiligen Gedankens ins Leben gerufen wurden. // In *Maiden Song of the Aeolian Harp* spricht der amerikanische transzendentale Dichter Ralph Waldo Emerson im Namen des Instruments, das am Westfenster seines Arbeitszimmers steht: »Behalte deine Lippen oder Fingerspitzen / für die Tanzspäne der Flöten oder des Spinetts, / ich erwarte eine zartere Berührung. / Ich frage viel mehr oder nicht so viel: Schenke mir deine Stimmung.«

Atmosphärische Musik ist aleatorische Musik – also eine Komposition, die allein der Laune und dem Zufall überlassen ist. Doch im Gegensatz zum klingenden Chaos des Windglockenspiels gibt es bei der Windharfe eine grundlegende Ordnung. Denn zupft eine Hand eine Saite, wird meist ein Grundton erzeugt, der von harmonischen Obertönen begleitet wird. Ist es aber der Wind, der eine Saite anschlägt, erklingen nur die Obertöne. Daher die geisterhafte, ätherische Stimmung. // Manchmal ist es nicht nur so, dass der Spieler nicht anwesend sein muss, sondern dass sogar das Instrument selbst unwesentlich wird. Emersons Schützling Henry David Thoreau fand jenseitige Klänge weder in Instrumenten noch in der natürlichen Welt, in der er Zuflucht suchte, sondern in der neuesten technologischen Geißel des 19. Jahrhunderts, die sein bedächtiges Leben am Walden Pond heimsuchte. Sein Tagebucheintrag vom 3. September 1851: »Als ich unter dem neuen Telegrafendraht hindurchging, hörte ich ihn hoch über mir wie eine Harfe vibrieren. Es war wie der Klang eines fernen, glorreichen

Lebens, eines himmlischen Lebens, das zu uns herabkam und in dem Gitterwerk unseres Daseins vibrierte.«

In unserer modernen, schnelllebigen Welt scheint das Zentrum für äolische Klänge in San Francisco zu liegen. Im Exploratorium der Stadt steht eine acht Meter hohe Äolsharfe mit sieben gespannten Saiten. Der Bildhauer Doug Hollis hat sie entworfen, um die Vorzüge des natürlichen Windtunnels zwischen den Piers 15 und 17 zu nutzen, der am Nachmittag immer lauter zu werden scheint. Auch erklingt an einem windigen Tag auf einer nahen, nach Süden zugewandten Hügelkuppe durch ihre gewölbten und verrosteten Balken eine 28 Meter hohe Klangskulptur, die von Lucia und Aristides Demetrios entworfen wurde. // Doch diese Monumente der Stimme des Windes verblassen im Vergleich zu einem anderen Objekt in der Bay Area. Im Jahr 2020 wurden die Sicherheitsgeländer des Gehwegs auf der Westseite der Golden Gate Bridge erneuert, sie wurden sicherer und aerodynamischer gestaltet, damit sie starken Winden standhalten würden, was jedoch den Nebeneffekt hatte, dass das Wahrzeichen der Stadt in eine riesige singende Harfe verwandelt wurde, die kilometerweit zu hören ist. Einige Anwohner empfinden den Klang als friedlich und meditativ. Andere dagegen haben das Gefühl, dass sie davon in den Wahnsinn getrieben werden könnten. Musik ist von Natur aus subjektiv, und selbst eine unbeabsichtigte Aufführung ohne Interpreten hat ihre Anhänger und Kritiker.

9. Über den Klang definiert werden: Gedanken zur Zikade

Call of the Cicada (Utom udei lumen helef), Südwestliches Mindanao, Philippinen / Ulahi and Eyo:bo Sing with Afternoon Cicadas, Papua-Neuguinea / Cicada in Malaysian Rainforest, Zentralmalaysia / Cicada or Locust Song, Navajo-Nationen, New Mexico und Arizona, USA

Erlauben Sie sich ein Assoziationsspiel mit Insektengeräuschen und achten Sie darauf, was dabei passiert. Etwa beim Summen der Bienen – vielleicht tauchen vor Ihrem inneren Auge Wildblumen, Teamarbeit oder das Versprechen von Honig auf. Dann das Sirren einer Stechmücke – vielleicht ziehen sich augenblicklich Ihre Muskeln zusammen, macht sich eine gesteigerte Paranoia breit. Während das Zirpen der Grillen durchaus dazu verleiten kann, in die weite Welt hinausspazieren zu wollen, über grasbewachsene Felder, und weiter, hinein in lange, heiße Nächte. // Nur selten befassen wir uns länger mit den Geräuschen der Insekten. Außer vielleicht mit dem der Zikaden. Sie stechen nicht, beißen nicht, springen nicht aufgeschreckt weg. Ihr Gesang ist ihr einziges Mittel, um sich gegenüber der Welt und auch uns zu behaupten, durch schiere Anzahl und Lautstärke.

Schon immer haben uns diese geflügelten und rotäugigen Insekten, die in Scharen aus dem Boden schlüpfen, in ihren Bann gezogen: Der griechische Dichter Meleagros von Gadara aus dem 1. Jahrhundert v. Chr. widmete ihnen eine Ode, in der er sie als schrillstimmige und tautropfensüße Erscheinungen beschreibt. Der chilenische Dichter Pablo Neruda zollte im 20. Jahrhundert einer Zikade Tribut, die »ihr sägendes Lied / hoch in die leere Luft« schickt. // Für viele ist der Gesang der Zikade nicht von ihrem bevorstehenden Untergang zu trennen. In Platons *Phaidros* spricht Sokrates über den Ursprung der Zikaden als ehemalige Menschen, die vom Gesang der Musen so angetan waren, dass sie darüber vergaßen zu essen und zu trinken und zugrunde gingen, ohne es zu merken. Die fünfte Strophe von Raymunda Perez Sotos *La Cigarra* (Die Zikade), ein beliebtes mexikanisches Lied in der Mariachi-Tradition, lautet übersetzt: »Im Schatten eines Baumes / und zum Takt meiner Gitarre / singe ich fröhlich diesen Huapango, / denn das Leben endet, / und ich will singend sterben / wie die Zikade stirbt.«

Eine Sehnsucht, so stark, dass sie das Leben selbst überflutet und verschlingt – das macht vielleicht einen Teil des Reizes dieser Verlockungen aus. Eine so lange Zeit unter der Erde verbringend, allein in der Dunkelheit den Saft der Wurzeln saugend, sich auf die kurzen Tage des Gesangs vorbereitend: die einjährigen Arten zwei bis fünf Jahre, periodische Bruten bis zu siebzehn. Vielleicht erfordert es Mut, in voller Herrlichkeit in einer Welt aufzutauchen, die so völlig anders ist als die, aus der man kommt. Vielleicht muss man sich dabei an bestimmte fundamentale Weisheiten klammern: das Bedürfnis, einem anderen ein Ständchen zu bringen, das Bedürfnis, zusammenzukommen. // Den männlichen Zikaden genügt es nicht, wie Heuschrecken Körperteile aneinander zu reiben, um Töne zu erzeugen. Sie besitzen Tymbalorgane, Platten, durch Rippen verstärkt, die sich biegen und klicken; der hohle Unterleib, ein Resonanzraum zur Verstärkung; Flügel, um die Töne an diejenigen zu richten, die sie hören sollen. Der Körper einer männlichen Zikade ist ein ausgefeiltes Musikinstrument. Allein ist sie ein einsamer Star, laut und eindringlich wie ein Presslufthammer. Gemeinsam im Chor mit Tausenden, Millionen, Milliarden ihrer Brüder werden ihre Rhythmen zu einer Naturgewalt. Landschaften und Ökosysteme werden durch ihre symphonischen und körperlichen Beiträge verändert. Es geht ihnen darum, Lebenskraft, Atmosphäre und Vitalität darzubieten. Lauschen Sie nur genau hin: Sie entfalten die destillierte Essenz des Sommers.

Smithsonian Folkways Recordings, das Non-Profit-Label der Smithsonian Institution, veröffentlicht von Zikaden inspirierte Volksmusik aus Kulturen in Südostasien, Ozeanien und Amerika. Enthaltene Titel: *Ulahi and Eyo:bo Sing with Afternoon Cicadas* von der ersten Generation der Bosavi in einem unabhängigen Papua-Neuguinea. *Cicada in Malaysian Rainforest* aus den spirituellen Traumliedern des Temiar-Volkes aus dem zentralen malaysischen Regenwald. *Cicada or Locust Song* von den Navajo-Nationen in Arizona und New Mexico. *Call of the Cicada* (*Utom udei lumen helef*) von den T'Boli, einer indigenen Gemeinschaft, die in vereinzelten Dörfern im Südwesten Mindanaos auf den Philippinen lebt. Dieses letzte Lied, das auf einem Zither-ähnlichen Bambussaiteninstrument gespielt wird, verweist auf den »unerbittlichen und schrillen Ruf der Zikade bei Sonnenuntergang«. // Für die einen ist er eine Quelle der spirituellen Inspiration, für die anderen eine unerträgliche Kakophonie. Für wieder andere kann er alles dazwischen sein. Unbestreitbar aber ist, dass der Werdegang der Zikade der einer heftigen Verzückung ist, die sich gegen die Mühsal einer erdgebundenen Existenz richtet. Vielleicht ist es das, was nachhallt, was in der Luft schwebt, noch lange nachdem die Töne und die Insekten verklungen sind. Sein ganzes Wesen dem zu widmen, was der Liebe würdig ist – ist es nicht das, wonach wir alle in diesem Leben streben sollten?

10. Gagaku: Eine Musik, die Raum und Zeit durchdringt

Konzertsaal, Tokio, Japan / Sazare-ishi, Hyuga, Japan

»Es wäre wunderbar, wenn meine Musik erklänge, und wenn die Echos dieser Töne zurückkommen, bin ich nicht mehr«, sinnierte der japanische Komponist Toru Takemitsu. Während wir uns Musik als etwas Vergängliches vorstellen, das den Raum um und in uns durch eine in Rhythmus und Melodie erkundende Erzählung aktiviert, würde Takemitsus ideale Musik einen »unermesslichen metaphysischen Sinn für Zeit« transportieren: Eine Musik also, die es uns erlaubt, die Grenzen unserer Welt zu vergessen. Diese Eigenschaft fand er im japanischen Gagaku. // Gagaku bedeutet übersetzt »elegante Musik«. Das Gagakuryo, das Ensemble des kaiserlichen Haushalts, das am japanischen Hof in opulenten Seidengewändern auf stilisierte Weise spielt, wurde im Jahr 701 gegründet. Es veranstaltet noch immer Konzerte. Die Stücke werden von einem Familienangehörigen zum nächsten weitergegeben, derzeit in der 36. Generation. // Um Gagaku zu lernen, muss man zunächst den Charakter des gewählten Instruments ergründen: Ein Jahr lang klopft der Schüler seinen Rhythmus auf den Knien, während er jedes Instrument mit einem anderen Vokabular anspricht. Schließlich wird man in die geheimen Aspekte der Musik eingeweiht, ein Wissen, das vom Lehrer an den

Novizen weitergereicht wird, nicht durch Worte, sondern durch etwas, das man am ehesten mit Absicht bezeichnen könnte, ein Wunsch, der sich in den Handlungen manifestiert. // »Innerhalb der strengen Grenzen der bereits festgelegten Gagaku-Musik existiert eine Freiheit für mich«, sagt Ko Ishikawa, ein japanischer Gagaku-Spieler, der sich für britischen Punk und Noise-Musik begeisterte, bevor er sich diesen alten Klängen zuwandte. // Einst gehörte Gagaku zum Tang-Imperium, wo es als Echo aus den trockenen Landschaften des Königreichs Khotan (dem heutigen Iran), den üppigen Wäldern Vietnams, den Sandsteinhügeln Indiens und den zerklüfteten Bergen der koreanischen Halbinsel angekommen war. Was mag auf Gagakus langer Reise durch Raum und Zeit verloren gegangen sein? Was ist hinzugekommen? // »Gagaku ist ein großer Baum, der über tausend Jahre alt ist. Jedes Jahr treibt dieser Baum eine prächtige Blüte und einige Zweige sterben ab. Ich bin nur ein kleines Bewusstseinsfragment, das die Erscheinung dieses Baumes widerspiegelt; mein subjektiver Eindruck ist nicht wichtig. Ich lasse die Blumen einfach so erscheinen, wie sie blühen«, schreibt Ko Ishikawa. // *Tama-shizume* ist ein Ausdruck aus dem Shintoismus, der frei mit »die Genesung der Seele« übersetzt werden kann. Er besagt, dass die Seele mit der Zeit dazu neigt zu ermüden. Gagaku-Musik vermag sie wiederzubeleben. // Das vielleicht faszinierendste Instrument des Gagaku-Ensembles ist die Shō: Der Musiker atmet durch ein Mundstück in 17 Bambusrohre hinein und wieder aus, wodurch die Luft in einem Klangwirbel oszilliert und einen nicht enden wollenden Ton erzeugt, der es laut Takemitsu ermöglicht, »sich das Konzept der Vergänglichkeit vorzustellen, aber nicht unbedingt das der Leblosigkeit«. Die Shō fand Erwähnung im *Taigenshō*, einem Buch über Musik aus dem japanischen Mittelalter: »Inmitten der schillernden Herbstblumen hält ein himmlischer Mann in einer feierlichen Hose sanft sein Schwert und führt es an die Lippen.« Ein ununterbrochener Atemfaden verbindet Herbst und Frühling, diese Welt und die andere, das Kakuri Yo, das tiefe, düstere Reich der Geister und Götter. Zeitliche und räumliche Entfernungen werden von Schallwellen durchquert, schwerelos und unsichtbar. Manche sagen, dass der Klang der Shō dem Gesang des mythischen Phönix ähnelt. // Die Flöten und Perkussionsinstrumente, die im Gagaku verwendet werden, deuten einen Rhythmus an, der verschwindet, sobald man versucht, ihn festzuhalten. Die Streichinstrumente mit ihren sanften, windähnlichen Tönen setzen Akzente. Manchmal begleitet der Bugaku-Tanz das Orchester mit Choreografien, die so entschleunigt sind, dass die Bewegungen in der Zeit stehen geblieben zu sein scheinen. Zuweilen wird auch ein *Kagura-uta* gesungen, ein intensives, eindringliches Lied, das wie ein unauflösbarer Zauber wirkt. // In Fußballstadien auf der ganzen Welt singen die Japaner ihre Nationalhymne: »Möge deine Herrschaft noch tausend, achttausend Generationen andauern, bis die winzigen Kieselsteine zu mächtigen, moosbewachsenen Felsbrocken heranwachsen«. Die Melodie wurde teilweise von Gagaku-Spielern des kaiserlichen Hofes komponiert. Der Text basiert auf einem Gedicht aus dem 10. Jahrhundert, in dem ein *Sazare-ishi* beschrieben wird, eine Felsformation, in der kleine Kieselsteine zu einem Felsblock zusammenwachsen, bevor Flechten und Moose sie wieder in Erde verwandeln. // In der japanischen Ästhetik entspringt und vergeht alles im Nichts. Das Nichts ist kein leerer Raum, sondern ein Ort voller Potenziale. Gagaku scheint hinabzutauchen in die Tiefen dieses Meeres. Denn was ist Musik anderes als eine Präsenz, in die wir versinken? Eine vorüberziehende Welle, die abebbt und sich dann wieder aufbaut. Nicht um festgehalten, sondern um ständig gespielt zu werden.

»Die Sonne stand schon tiefer am Himmel über dem Tsurumi-Fluss unweit meines Hauses, als sich plötzlich eine Lücke in den Wolken auftat und ein einzelner Sonnenstrahl hindurchdrang. Er sah aus wie ein Lichtstrahl in einem religiösen Gemälde, und in diesem Moment hörte ich die Geräusche um mich herum nicht mehr. Stattdessen fühlte sich dieser Lichtstrahl an, als würde er Klang mitschwingen lassen. (...) Nachdem ich aus dem Zug ausgestiegen war und mich auf den Weg nach Hause gemacht hatte, leuchtete das neue Grün der Hecken, und am Schrein am Wegesrand schienen dunstige Nebelschwaden von dem großen Baum in den Himmel zu steigen. In diesem Moment ähnelte dieser Licht-Klang nicht nur der Shō, sondern dem Bild des gesamten Gagaku-Ensembles. Ich spürte, wie die Vibrationen der großen Taiko-Trommel Wurzeln gleich in den Boden zu reichen schienen, um der Erde Ordnung zu geben. Der metallische chi-chi-Klang des kleinen Shōko-Gongs schlug, als würde er in die andere Welt übertragen, und der take-toko-Klang der Kakko-Trommel ertönte wie das Pochen der vergehenden Zeit. Der Laut der Ryūteki-Flöte war wie ein Luftstrom, der die Bäume mit dem Himmel verband und den Wind mit sich führte. Die Hichiriki-Flöte klang wie die Stimmen von uns Lebenden auf der Erde, wie die Stimmen der Menschen und die Stimmen der Tiere, und der Klang der Shō-Pfeifen hatte den Nachhall des Sonnenlichts am Himmel, das von den unzähligen Dingen der Natur reflektiert wird.«

Mayumi Miyata, Gagaku-Spielerin

11. Der singende Sand in Forschung und Literatur

Die Lop-Wüste, Autonome Region Xinjiang-Uigurien, China / Copiapó, Chile / Südsinai, Ägypten / Dunhuang, China

1271. Der 17-jährige Marco Polo reist mit seinem Vater Niccolò und seinem Onkel Maffeo an den Hof von Kublai Khan. Später diktiert der Venezianer die Einzelheiten dieser einschneidenden Reise dem Romanschriftsteller Rustichello da Pisa, seinem Mitgefangenen in Genua – es entsteht der wohl berühmteste aller Reiseberichte: *Il Milione*, hierzulande besser bekannt unter dem Titel *Die Reisen des Marco Polo*. // Kapitel XXXV: Polo beschreibt die Durchquerung der Wüsten von Xinjiang sowie Stimmen, die angeblich aus dem Sand erklingen und Reisende in die Irre führen. Ein Auszug aus *Von der Stadt Lop – von der Wüste in ihrer Nachbarschaft – und von den seltsamen Geräuschen, die von denen gehört werden, die sie durchqueren*: »Wunderbar in der That und allen Glauben übersteigend sind die Geschichten, die von diesen Geistern der Wüste berichtet werden; sie sollen auch zuweilen die Luft mit den Klängen von Musik erfüllen und mit dem Lärm von Trommeln und mit Waffengeklirr«. // Möglicherweise nur ein einfaches Volksmärchen, aber eines, das zum Ton des restlichen Reiseberichts passt: verlockend, fantastisch, doch immer auf einem Funken Wahrheit basierend, beobachtet von den Augen einer stets wachen, stets neugierigen Seele.

1835. Der 26-jährige Charles Darwin ist seit mehr als drei Jahren auf Forschungsreise in Südamerika. Nach einer zermürbenden Expedition in die Anden kehrt er zur HMS *Beagle* zurück, die gerade aufgerüstet wird, und macht in der nordchilenischen Stadt Copiapó halt. // Das besessene Gerede der Einheimischen über den Bergbau erweist sich als dröge; stattdessen wird sein Interesse durch Berichte über El Bramador geweckt, »den Schreienden«, einen mit Sand bedeckten Hügel, der angeblich jedes Mal, wenn jemand ihn bestieg, ein eigentümliches Geräusch von sich gab. // Aus Kapitel XVI der *Reise eines Naturforschers um die Welt*: »Eine Person, mit der ich mich unterhalten habe, hat selbst dies Geräusch gehört. Es wird als sehr überraschend beschrieben, und der Herr gibt ausdrücklich an, dasz, obschon er nicht einsehen könne, wie es verursacht würde, es doch nothwendig war, den Sand in eine den Abhang hinabrollende Bewegung zu versetzen.« // Verbindung und Synthese – Darwin sollte seine Gabe für beides einige Monate später auf den Galapagosinseln unter Beweis stellen und sein Können in den Annalen der Biologie niederschreiben. Vorläufig wird der junge Geologe durch den Bericht lediglich an ein ähnliches Geräusch auf einem niedrigen Sandsteinhügel im Südsinai erinnert, das von den Forschern Ulrich Jasper Seetzen und Christian Gottfried Ehrenberg beschrieben wurde. Seetzen notierte, dass der Ton zunächst wie eine Äolsharfe geklungen habe, dann wie ein Brummkreisel, um schließlich so laut zu werden, dass die ganze Erde zu beben schien. »Die Reisenden hörten bei jedem Schritt eine kleine Verstärkung des Tones, welcher immerfort mit der Menge des in Bewegung gesetzten Sandes lawinenartig anschwoll und endlich eine Stärke erreichte, welche Ehrenberg mit einem fernen Kanonendonner verglich.« // China. Chile. Ägypten. Zahlreiche Hinweise lassen Polos einzigartigen, fünf Jahrhunderte zuvor veröffentlichten Bericht über Wüstengespenster weniger abwegig erscheinen. Aber was steckt hinter diesem Singen und Summen, Dröhnen und Brüllen? Der sich bewegende Sand gibt seine Geheimnisse nicht so leicht preis.

2007. Der Physiker Simon Dagois-Bohy und sein Team kommen der Sache auf die Spur, indem sie in der Nähe von Tarfaya (Marokko) mit den Füßen voran die Dünen hinunterrutschen und so Sandlawinen auslösen. Ein Jahr später dann auch in Al Ashkharah (Oman). Der Schlüssel zum Gesang scheint in jedem einzelnen Sandkorn zu liegen, das im Zusammenspiel mit anderen einen synchronen Klang erzeugt. Während die Oberfläche der Düne die Lautstärke zwar verstärkt, ist sie nicht unbedingt entscheidend; die Forscher sind in der Lage, die Tonhöhe mit mitgebrachten Proben in ihrem französischen Labor zu reproduzieren. // Einige wichtige Voraussetzungen: Die Sandkörner müssen trocken und rund sein, sie müssen Kieselsäure enthalten und einen Durchmesser von 0,1 bis 0,5 Millimeter haben. Die Gleichmäßigkeit der Größe beeinflusst die Qualität des Gesangs. Der homogene marokkanische Sand singt mit einer konstanten Frequenz von 105 Hz – in der Nähe eines Gis –, während die omanische Probe mit stark variierenden Korngrößen neun Töne hervorbrachte, von denen keine einzelne Frequenz auszumachen war.

Auch wenn an vielen Stränden eine Art Quietschen zu hören ist, können lediglich dreißig bis vierzig S(t)andorte auf der Welt zum Singen gebracht werden. Zu ihnen gehören die drei Kilometer lange Düne im Altyn-Emel-Nationalpark in Kasachstan und die 200 Meter hohe Eureka-Düne im Death-Valley-Nationalpark in Kalifornien. An der Seidenstraße östlich von Polos Lop-Wüste, nahe der Stadt Dunhuang, liegen die Mingsha Shan, eine beliebte Touristenattraktion. Nachdem man den Eintritt bezahlt hat und auf die nachgebaute Tang-Dynastie-Architektur und den Mondsichelsee geblickt hat, bleibt einem nichts anderes übrig, als sich auf den Weg in die Dünen der »Echo-Sandberge« zu begeben. Sie sind mit einem Kamel, einem Segelflugzeug, einem Geländewagen oder einfach zu Fuß erreichbar. Gegen eine geringe Gebühr sind Schuhüberzüge erhältlich, mit denen sich der Kontakt zu Sand und Kameldung-Mix vermeiden lassen. Der beste Platz ist auf der Spitze des westlichen Hügels; die beste Zeit vor sechs Uhr morgens. Wenn nun der Wind aus der richtigen Richtung weht und man sich abseits rätschender Menschen und dröhnender Lautsprecher befindet, kann man hören, wie die Dünen und die Luft zusammenwirken, um zu erklingen, wie sie sich regen und laut preisgeben, was sie zu erzählen wissen.

12. Der Klang von Eis

Polarregionen / Kryosphäre

Taubenblau, grau wie Perlen oder Rauch, vulkanisches Schwarz, Granit, manchmal wie rohe Jade. Je nach Dicke des Eises, seiner Nähe zum Wasser: aquamarin, milchig-blau, schattiert bis hin zum vollen Marineblau. Junge Frakturen: grün-blau glitzernd. Alte, abgestumpfte Eisberge: eher grau. Bei Sonnenuntergang: Eisberge, die das Licht in Rosa, rötlichem Gelb, verwässertem Violett und zartem Rosa einfangen. Der Schriftsteller Barry Lopez besingt die Landschaft der Polarregionen in seinem Reisebericht *Arctic Dreams*. Geräusche entspringen hier allerdings nur der belebten Welt: das »zitternde Stöhnen von Bartrobben, das baritonale Dröhnen eines Walrosses, das hohe Bellen und Kläffen von Ringelrobben, das elektrische Knistern von Krabben«. Was ist der Klang des Eises? // »Freitag, 20. Dezember 1850: Die Natur ist erstorben und es herrscht eine Stille, dass man den Gang der Uhr in der Tasche hört. Indessen bieten die Himmelserscheinungen manches interessante: die Sterne leuchten mitten am Tage, um den Mond sieht man häufig ringförmige Regenbogen, Sternschnuppen und Meteore sind nicht selten«. Der Missionar Johann August Miertsching beschrieb eine Ehrfurcht gebietende Welt, doch die arktische Landschaft blieb in den Köpfen seiner Leser stumm – und auch in den Köpfen jener, die den in Zeitschriften und Periodika veröffentlichten Berichten über solche Erkundungen entgegenfieberten, Beschreibungen eines erhabenen Territoriums, das den gotischen Sehnsüchten der damaligen Zeit entsprach. Während die ersten Expeditionen ab dem 15. Jahrhundert vom Weißen Meer aus starteten, segelten erst im 20. Jahrhundert Schiffe mit Namen wie Miertschings HMS *Investigator* weit hinaus, um die dahinter liegende See zu vermessen. Ihre Besatzungen wurden ergänzt durch Passagiere, die sich mit Botanik, Astronomie, Hydrografie, Mineralogie, Statistik, Zoologie, Meteorologie und Malerei auskannten. Werkzeuge oder Kenntnisse, um den Schall zu erfassen, besaßen sie jedoch nicht. // Wenn von den Resonanzen des Eises erzählt werden sollte, musste jemand ein Vokabular dafür erfinden. Im Exeter-Buch, das 980 n. Chr. in Island geschrieben wurde, gibt es eine Zeile, die lautmalerisch mit dem Klang des gefrorenen Wassers spielt: »glisnaþ glæshlutter gimmum gelicust« – Wörter, die man nicht verstehen muss, es genügt, sie auszusprechen, um ein Gefühl für ihre Bedeutung zu bekommen: »Is byþ oferceald, ungemetum slidor, / glisnaþ glæshluttur gimmum gelicust, / flor forste geporuht, fæger ansyne.« (Eis ist sehr kalt und unermesslich glitschig; / es glitzert so klar wie Glas und gleicht Edelsteinen; / es ist ein Boden, den der Frost geschaffen hat, schön anzusehen.) // Wenn man die Augen zusammenkneift, kann man das Krachen und Bersten beinahe hören, das aus Caspar David Friedrichs Meisterwerk *Das Eismeer* herausdrängt und eine synästhetische Erfahrung erlaubt. Das Gemälde ermöglicht einen flüchtigen Blick in eine andere Realität, basierend auf Erfahrungsberichten, die in Notizbücher gekritzelt wurden und ihre Verfasser überlebten. Das Eis wird zu einer kalten, gleichgültigen Textur, die Schichten seiner gleißenden Schönheit füllen die klaffenden Lücken, Risse und Spalten einer erwachenden klanglichen Vorstellungskraft. // Es war die starre, eingefrorene Hand des Polarforschers George W. DeLong, die im sibirischen Lena-Delta aus dem Schnee ragte und sein Tagebuch preisgab, das später von seiner Witwe veröffentlicht wurde. »Der Eisdruck war enorm, und der Lärm war nicht dazu geeignet, das Gemüt zu beruhigen. Ich kenne kein Geräusch an Land, das sich damit vergleichen ließe.« Zwei Jahre lang war er im Eis und in den Eisdriften unterwegs gewesen. Wenn dort Geräusche hallten, war Gefahr im Verzug. »Und so schön es auch aus ästhetischer Sicht sein mag, ich wünsche mir von ganzem Herzen, dass wir da heraus wären.« Es waren seine Beschreibungen, die den Entdecker Fridtjof Nansen dazu inspirierten, Schiffe zu bauen, die dem Druck des Eises standhielten und die natürlichen Kräfte der Transpolardrift nutzten. Die markerschütternden Laute machten ihm nichts aus: »Ich lache über die Macht des Eises. Wir leben in einer uneinnehmbaren Burg.« // Heute sind es die Eisberge, die auseinanderbrechen, nicht die Schiffe, die sie ansteuern. Beschleunigt durch die steigenden Temperaturen kommt es zu immer mehr Eisbeben. In seinem Todeskampf, der in der Nähe Feuerlands aufgezeichnet wurde, gab ein 37 Meilen langer Eisberg »ein Geräusch von sich, das wie ein gequältes Stöhnen, Schaudern und Knacken klang, als er auf Grund lief, sich drehte, am Meeresboden entlangschrammte und dann über offenem Wasser zerbrach«. // Während das Eis schmilzt, lauschen Wissenschaftler, Musiker und Dichter seinem verklingenden Echo, auf der Suche nach einer Melodie, die eine längere Geschichte erzählt. Mithilfe von Hydrophonen horchen sie hinein in die Unterwasserwelten und sind erstaunt, »Blasen zu hören, die ein Blubber-, Tick- oder Knallgeräusch von sich geben (…), das zehn Millisekunden oder weniger anhält«. Dem schmelzenden Eis entronnen, füllen diese Blasen die Geräuschkulisse der Fjorde und locken Robben an, die in diesem Lärm besser – da ungehört – jagen können. Dort, wo sich die Gletscher vollständig an Land zurückgezogen haben, verlassen die Robben das Gebiet: Es gibt keinen akustischen Deckmantel mehr, unter dem sie sich selbst vor den Sonaren der Schwertwale verstecken könnten. // Einige der im Eis eingeschlossenen Blasen sind Zehntausende von Jahren alt – Luftkammern aus einer anderen Zeit, ja einer anderen Welt. Wenn sie platzen, werden ihre Erinnerungen freigesetzt. // Unsere eigenen Erinnerungen werden nicht vom Eis bewahrt. Die Zukunft könnte still sein.

13. Die wohltemperierte Demutspfeife

Vox balenae im Beijing National Center for the Performing Arts, China / Der Klang der altgriechischen Wasserorgel im Akropolismuseum, Athen, Griechenland / Bachs Lieblingsorgeln in Eisenach und Leipzig, Deutschland

Musik und Mathematik begegnen einander in Bachs *Wohltemperiertem Klavier*, einer Sammlung von Fugen und Präludien zum »Nutzen und Gebrauch der Lehrbegierigen Musicalischen Jugend, als auch derer in diesem studio schon habil seyenden«. Während sich der Titel auf die Systematik, die Struktur und das Spiel der harmonischen Intervalle bezieht, könnte man einige Tasteninstrumente – natürlich nur bei ungebührlicher Pflege – tatsächlich als wankelmütige, launische und verstimmte Gesellen bezeichnen. Ein Cembalo wird schnell flatterhaft und flach, wenn der Aufführungsraum ihm nicht zusagt. Feuchtigkeit und plötzliche Temperaturschwankungen verformen seinen Holzrahmen auf unvorhersehbare Weise. Atmende Konzertbesucher: der Horror! Eine offene Tür, um die Zuhörer hereinzulassen: schrecklich! Der Musizierende muss die Tasten mit leichten, zarten Fingern streicheln und stimmen, bevor er überhaupt daran denken kann, von den Blättern des *Wohltemperierten Klaviers* zu spielen. Ob die

Cembali ihr Publikum womöglich gar nicht schätzen? // Klaviere haben einen stabileren, schwereren Rahmen, was auf Kosten der Portabilität geht – für Umzugsunternehmen ein profitables Geschäft. Und Orgeln? Einmal installiert, bleiben sie an Ort und Stelle. Egal, ob draußen Kriege oder Winterstürme toben: Es kümmert sie nicht, was außerhalb der jahrhundertealten Mauern geschieht, mit denen sie fest verwachsen sind. Stattdessen durchdringen sie das Gebäude, für das sie bestimmt sind, beherrschen es, indem sie Luft und Raum und jedes Lebewesen darin mit Musik erfüllen, die innerhalb nur eines Taktes von flüchtig leicht zu tragisch schwer wechseln kann. // Obwohl der Ursprung des griechischen Wortes *órganon* für »Instrument, Gerät, Werkzeug« bis ins 3. Jahrhundert v. Chr. zurückreicht (den Nachbau einer Wasserorgel aus dem 1. Jahrhundert n. Chr. kann man im Akropolismuseum sehen und auch hören), scheint die Orgel der Inbegriff eines deutschen Instruments zu sein, im Guten wie im Schlechten. Aufgrund von 50 000 Orgeln und 170 praktizierenden Orgelbauern verteilt auf 10 790 Städte und Gemeinden wurde das Orgelbauerhandwerk von der UNESCO als Teil des immateriellen Kulturerbes Deutschlands ausgezeichnet. »Die Orgel ist Ausdruck der Landschaft, in der die Menschen leben. Eine gute Orgel ist Spiegel ihrer Seele. Ihr Klang macht Menschen reicher«, heißt es auf der Homepage von Klais, dem führenden deutschen Orgelbauer im Land der Orgelbauer. // Eine Orgel braucht kein Orchester, um den Klang eines Orchesters zu erzeugen. Ein einziger Spieler steuert den Windstrom durch die Pfeifen, von denen jede eine andere Tonhöhe und Klangfarbe hervorbringt. Kleine Pfeifen von der Größe eines Fingernagels klingen wie hohe Flöten, während lange Pfeifen einen dröhnenden Bass aussenden. Ihre akustische Energie kann die Hohlräume im Körper zum Schwingen bringen: das Tiefengewebe, Bierbäuche und Doppelkinne beben dann vor Freude, Ehrfurcht oder Angst. Doch mit dieser Imitation klassischer Instrumente ist es nicht getan. In Stummfilmtheatern etwa ahmen Orgeln den Klang eines Telefons nach, während ihre Schwestern in Kaufhäusern die Geräuschkulisse dieses vom Kapitalismus geprägten Rummelplatzes nachbilden. // Der Orgelspieler sitzt nicht unähnlich dem Kommandanten eines Raumschiffs an seinem Instrument und entlockt ihm Klanglandschaften. Er wendet dem weiten Raum hinter sich den Rücken zu und ignoriert diejenigen, die sich unter ihm befinden: die Kirchengemeinde, die Konsumenten, die Kinobesucher. Der Organist ist mit seinem ganzen Körper im Einsatz: die Hände auf dem Manual, die Füße auf den Pedalen. Eine einzelne Person, die in einzigartiger Weise Luft und Stimmungen steuert. // »In dem Augenblick vernahm ich die Accorde der Orgel, eine traurige Harmonie, eine unbeschreibliche Melodie, den klagenden Ausdruck einer Seele, welche ihre irdischen Bande sprengen will. Ich lauschte mit allen Sinnen zugleich, kaum athmend, gleich dem Kapitän Nemo in die musikalische Entzückung versenkt, welche ihn über die Grenzen dieser Welt hinauszog.« Kapitän Nemo aus Jules Vernes Klassiker *20 000 Meilen unter dem Meer* ist nicht der einzige Orgel spielende Psychopath in der Literatur und auch nicht der einzige Orgel spielende Psychopath in den Tiefen des Meeres. In *Fluch der Karibik* findet Davy Jones an der Tastatur jenen Ort, an dem sein aufgewühlter Geist zur Ruhe kommt. Die Orgelspieler der Filmgeschichte, Dr. Jekyll und Mr. Hyde, das Phantom der Oper oder Inspektor Dreyfuss im *Rosaroten Panther* – sie alle sind undenkbar ohne das Genie, das über den schmalen Grat zwischen Vernunft und Wahnsinn balanciert und schließlich stolpert. Verstärkt die Orgel den Wahnsinn des Spielers nur, oder wird der Spieler erst durch die Kontrolle eines so mächtigen Instruments irre? // »Ich brauche mehr Gravitas«, klagte Bach über die meisten Orgeln seiner Zeit. Im 18. Jahrhundert gab es in Deutschland nur wenige Kirchen, die über 32' lange Orgelpfeifen verfügten, die in der Lage waren, den von Bach geschätzten Klang der »Erdenschwere« zu erzeugen – bei 16 Hz und an der Grenze des Hörvermögens vermitteln solch lange Pfeifen ein Gefühl der Größe und des Gewichts der Erde, ein Gefühl jenseits der musikalischen Reichweite. // Zu Bachs Lebzeiten war es unmöglich, etwas Größeres als eine 32'-Orgel zu bauen; die Pfeifen wären unter dem schieren Gewicht ihres bleihaltigen Materials zusammengebrochen. Ein geschickter Spieler konnte jedoch die Klänge einer 32'-Pfeife mit denen einer 16'-Pfeife auf ausgeklügelte Weise kombinieren und so einen ähnlichen Effekt wie bei einer 64'-Pfeife erzielen. Gerüchten zufolge wurde dieser akustische Trick während der Messen angewandt, um durch das Spiel eines solchen tiefen Tons eine Stimmung zu erzeugen, die ein unhörbares, aber ehrfürchtiges Gefühl im Körper hervorrief, ein Gefühl, das dem von Gottesnähe entsprach, zumindest für all diejenigen, die sich in ihrem akustischen Einzugsbereich befanden: der Klang der sogenannten Demutspfeife. // Hermann Hesse greift die deutsche Faszination für Orgeln in seinem seltsamen Roman *Das Glasperlenspiel* auf, und man fragt sich, was passieren würde, wenn ein solches Instrument in die falschen Hände geriete: »diese Orgel hat eine fast unvorstellbare Vollkommenheit erreicht; ihre Manuale und Pedale erstrecken sich über den ganzen geistigen Kosmos; ihre Register sind fast nicht zu zählen. Theoretisch ist dieses Instrument in der Lage, (…) den gesamten intellektuellen Inhalt des Universums wiederzugeben.« // Das 20. Jahrhundert stattete uns endlich mit Pfeifen der Größe 64' aus. Eine davon ist heute in der Pogson-Orgel in der Sydney Town Hall eingebaut, eine andere in der Midmer-Losh-Orgel im Atlantic City Convention Center, deren Erbauer mit

33 114 unterschiedlichen Pfeifen eine gigantische Orgel anstreb- ten, die nur leider zu komplex ist, als dass sie vollständig gespielt werden könnte. Eine weitere befindet sich im Beijing National Center for the Performing Arts: Diese *Vox balenae* dröhnt tief und mächtig mit der Stimme eines Wals. Für diejenigen, die nicht so weit reisen können oder wollen, kann eine schlecht gelaunte Waschmaschine im Hochschleudergang einen ähnlichen Infraschall-Ton produzieren.

14. Ungezähmtes Ritual: Keening

Westirland

»Oh mein Geliebter, standhaft und treu, / am Tag, als ich dich zum ersten Mal sah, / unter dem Strohdach des Marktes, / wie mein Auge an dir Gefallen fand, / wie mein Herz sich an dir erfreute, / ich floh mit dir vor meinen Gefährten, / um weit von zu Hause zu entschwinden.« // 400 weitere Zeilen folgen. Sie beschwören einen Mann, der nicht mehr ist und nie wieder sein wird. Strophe um Strophe wird alles, was er hinterlassen hat, in Worte, in Wehklagen und Seufzer gefasst: die Erinnerungen an ihn, die noch in der Luft schwingen, die Gefühle, die er weckte, die Bindungen, die er knüpfte, die Wut und die Trauer der Zurückgebliebenen. Verlust. Leere. Sein Fehlen. // Das über Jahrzehnte mündlich überlieferte *Caoineadh Airt Uí Laoghaire* (*The Keen for Art Ó Laoghaire*) ist eines der eindringlichsten Gedichte der irischen Inseln. Es wurde von einer Frau während der Aufbahrung ihres Mannes nach dessen Ermordung im Jahr 1773 verfasst. Danach sang man es auch bei anderen Beerdigungen und Totenwachen und begleitete den Text mit schrillem Jammern, Weinen, Grollen – eine Klangspirale hinab in die Tiefen der Trauer. Und schließlich wurde es zu einem der bekanntesten Gedichte in England und Irland. // Seine Schöpferin Eibhlín Dubh Ní Chonaill wuchs in der Grafschaft Cork auf, wo das ständige Echo der Gezeiten sich auf die Menschen wirft. Mit

14 Jahren verheiratet, stirbt ihr erster Mann nur wenige Monate später, und sie kehrt nach Hause zurück, noch immer jung und doch behaftet. Auf dem Markt begegnet sie dem Blick von Art Ó Laoghaire. Sie verlieben sich. Bald darauf werden Kinder geboren, sie beginnen ein gemeinsames Leben. Dann gerät er in einen Streit mit einem englischen Abgeordneten, und als seine Stute ohne ihn zu Eibhlín galoppiert, weiß sie sofort, was passiert ist. Das Pferd führt sie zu ihm, doch es ist zu spät. Tot liegt er da, und wie von Sinnen schöpft sie sein Blut mit den Händen auf, trinkt. Später, bei seiner Aufbahrung, im Angesicht des leblosen Körpers, werden die Worte aus ihr herausfließen, einfach so, als wären sie schon immer in ihr gewesen, dazu bestimmt, geteilt zu werden. Eine letzte Erinnerung an ein verlorenes Leben. // *Keening* (Wehklagen) wurden traditionell in Rosc ausgedrückt, einem alten Metrum, das nur in Irland und Schottland überlebt hat. Eibhlíns Lied, zart und flüchtig, lange nicht auf Papier festgehalten, wurde bald von professionellen Keenern, den *mná caointe*, mündlich weitergereicht, von Frauen, die für ein geringes Entgelt bei Totenwachen und Beerdigungsriten für andere trauerten und klagten. Sie dienten als Gefäße, die ein Echo am Leben erhielten. Die Textur, das Geflecht eines Daseins, das, was einst pulsierte und sich nun kalt wie Stein anfühlte. Beim Keening flossen die Worte einer Frau in den Körper einer anderen, ganz so, wie die Muttermilch ein Kind nährt und bei einem Mädchen womöglich irgendwann später wieder zu fließen beginnt. Verse und Rhythmen durchdrangen die Frauen, Orte und Zeiten wurden in ihnen verbunden, von einer zur anderen, von der anderen zur nächsten, begleitet von Wehklagen, das von Gekreische und Verzückung durchdrungen war. Das Keening war ein Übergangsritus, eine Überführung der Verstorbenen von dieser Welt in die nächste. Und es war noch viel mehr als das. // »Lamentieren ist laut. Das Keening war wie ein urzeitlicher Schrei,

ein Kreischen gegen die Agonie des Todes, ein Ausbruch von Verzweiflung, Zärtlichkeit, Angst, Liebe, Verlust und Schmerz.« So beschreibt Kevin Toolis in seinem Buch *My Father's Wake* das Keening, dem er beiwohnte. Das erinnert an jenen anderen Übergangsritus, den nur Frauen imstande sind, auszuführen, und der ebenfalls mit ungezähmtem Heulen und Schreien einhergeht. Man muss loslassen, um etwas Neues geschehen zu lassen. Die Lautgebung führt den Körper. Zusammen mit der Atmung hilft sie, die Portale zu finden. Während wir die humansten und heiligsten Handlungen vollziehen, brüllen wir wie Tiere. Als »Geist in der Kehle« bezeichnet die irische Dichterin Doireann Ní Ghríofa diesen Akt. Mit ihrem gleichnamigen Buch *The Ghost in The Throat* setzte sie der Geschichte von Eibhlín Dubh Ní Chonaill ein ewiges Denkmal. // Ein Element des Keening ist der Gesang alter Vokale, das Ochón. Die Beschwörung des hohlen o beginnt tief unten im Bauch, gleich hinter dem Nabel. Es heißt, dass der Gesang des Ochón den Geist auf eine bestimmte Schwingung anhebt und es so erlaubt, den Kummer zu lösen. Es folgen weitere Klänge, die noch tiefer in die zelluläre Struktur des Körpers eindringen. Für Außenstehende mögen diese Frequenzen wahnsinnig und irr klingen, für die bei der Totenwache Anwesenden zeugten sie von gezolltem Respekt. Sie unterstützen den sicheren Übergang in die andere Welt. Nur Tiere wurden ohne ein ritualisiertes Wehklagen beerdigt. // Wenn man heute das irische Wort *keening* ins Englische übersetzt, landet man bei einem Wort, das für Hunde verwendet wird. *The dogs are keening*, heißt es, sie sind laut, da draußen, in ihren Hütten. Lästig. // Das Keening als Teil des Beerdigungsrituals ist in Irland heute fast ausgestorben. Manche sagen, dass es in den Jahren der großen Hungersnot begann, als zu viele Menschen dahinsiechten und die Zurückgebliebenen nicht mehr die Kraft aufbrachten, jeden einzelnen Verlust mit Würde zu begleiten. Die

Hungernden ließen die Toten auf der Strecke, sie gaben auf. Viele wanderten nach Amerika aus, wohin ihnen die Keening-Frauen und -Bräuche nicht folgten. // Einige der Keening-Klagen wurden, wie *The Keen for Art Ó Laoghaire*, schließlich aufgeschrieben und literarisch weitergereicht, doch keine einzige irische Keening-Zeremonie wurde jemals aufgezeichnet und auf Magnetbändern gespeichert. Ihre Magie bleibt eine, die man miterlebt haben muss: das Aufheulen und Kreischen, das die Trauer im tiefen Innern lindert, das dem Schmerz, der mit dem Verlust einhergeht, Gehör verschafft. Denn erst dann kann neue Kraft gefunden werden, mit anderen Liedern wie dem *An tAmhrán Geal*, dem Lied des Lichts, einer alten irischen Weise mit einer ebenso weit zurückreichenden Tradition wie das Keening: »Ich liege beim König der Schöpfung. / Möge er bei mir sein, / seine beiden Hände unter meinem Kopf. / Wie ich schlafe und wieder erwache. / Wie ich schlafe und wieder erwache.«

15. Der Untergang eines Tons und eines Zeitalters: Von der Sehnsucht nach dem Nebelhorn

Chebucto Head Leuchtturm, Nova Scotia, Kanada / Leuchtturm von Partridge Island, Bay of Fundy, Kanada / Souter-Leuchtturm, Whitburn, England

Februar 2021. Das letzte Signal ertönt aus dem Nebelhorn des Chebucto Head Leuchtturms in Nova Scotia, Kanada. 120 Jahre lang blies es bei schlechter Sicht über den Nordatlantik und warnte Seeleute vor dem drohenden Untergang. Ein letztes dreisekündiges Heulen, tief und sonor, bevor die Ewigkeit der Stille beginnt. // 200 Kilometer nordwestlich, in der Nachbarprovinz New Brunswick, dem Geburtsort der ersten »automatischen dampfbetriebenen Pfeife«. Als der in Glasgow geborene Robert Foulis in einer nebligen Nacht im Jahr 1853 nach Hause geht, lässt er sich von den Melodien seiner Tochter leiten, die in der Stube Klavier spielt. Doch durch den dichten Mantel des Küstennebels erreichen nur die tiefsten Töne sein Ohr. Der Erfinder, Künstler und Bauingenieur verbringt die nächsten sechs Jahre damit, an einem Gerät zu tüfteln, das niederfrequente Töne erzeugt, um Schiffe zu warnen. Sicherer und billiger als Dauerbeschuss durch Kanonen und mit größerer Reichweite als komplizierte Glockenschläge mit Uhrwerk nimmt das mit Kohle betriebene Nebelhorn des Leuchtturms von Partridge Island 1859 seinen Betrieb auf. // Doch es war ein gewisser T. T. Vernon Smith, der Foulis' Entwürfe bei der örtlichen Kommission vorstellte. Foulis erhält keine Vergütung für seine Erfindung, auch nicht, nachdem das House of Assembly ihn 1864 als den wahren Erfinder des lebensrettenden Instruments anerkennt, das »in der Bay of Fundy von großem praktischen Nutzen ist«. Zwei Jahre später stirbt er in seiner Wahlheimat, in Armut, und wird ohne einen Stein begraben, der seine Ruhestätte markiert. Sein Vermächtnis besteht aus einer Gedenktafel, die posthum auf Partridge Island angebracht wurde, um seine Leistung zu würdigen, und in dem Nebelhorn, das noch weitere 132 Jahre lang ertönte, bis es 1998 schließlich abgeschaltet wurde.

»Es ist weltweit anerkannt, dass Schallsignale wie Nebelhörner keine zuverlässige Quelle für Navigationsinformationen darstellen«, erklärt der Regionaldirektor der kanadischen Küstenwache, Harvey Vardy. Im 21. Jahrhundert ermöglichen es GPS-Systeme großen und kleinen Booten, sich in Situationen mit geringer Sichtweite zurechtzufinden, die allgemein als die schwierigsten aller Segelbedingungen gelten. In den letzten zehn Jahren wurden entlang der kanadischen Atlantikküste 46 Nebelhörner außer Dienst gestellt. Es besteht keine Notwendigkeit mehr, die nächtliche Wache aufrechtzuerhalten, und es gibt keinen finanziellen Grund, die Signale noch länger zu betreiben. // Es ist also die Nostalgie, die tiefer in den Nebel der Seele eindringt als der pure Nutzen. Für viele ist die Verbindung zwischen dem Leben an der Küste und dem Ruf des Nebelhorns untrennbar; nur wenige von Menschenhand geschaffene Klänge sind in der Lage, ein so komplexes Gefühlspaket zu wecken. Für den verzweifelten Seemann verbindet sich die eindringliche Erinnerung an die Gefahr mit der Erleichterung über die Heimkehr. Für die Küstengemeinde verweben sich mit dem

dem Klang Assoziationen von Sicherheit und Geborgenheit, die im Laufe der Jahrzehnte zur Tradition geworden sind. Ein solcher Ton, der aus der Nähe brutal und trotzig beginnt, wird durch die Entfernung und die einzigartigen Konturen der jeweiligen Landschaft gemildert und verschönert. Eindringlich, beharrlich und klar, diente das Nebelhorn als unsere Hymne an das Meer, jenes unergründliche Reich, das wir seit Urzeiten um seine Großzügigkeit und seine Gnade anflehen.

Wie der Nebel, den es zu durchdringen sucht, ist auch der Ruf des Nebelhorns nicht von Dauer. Was einst ertönte, ist nun verstummt, wie eine Welle, die das Ufer berührt hat – eine vollendete Reise. // Wie kann man um etwas trauern, das so fest mit den Randzonen zwischen Land und Meer verbunden ist? Mit einer Messe vielleicht, dem Nebelhorn zu Ehren, den Opfern zum Gedenken. Juni 2013. Mehr als fünfzig Kreuzfahrtschiffe und Patrouillenboote, Privatjachten und Rettungsboote versammeln sich in der Nordsee rund um den Souter-Leuchtturm in Whitburn, England. Sie synchronisieren ihre Hörner mit der Musik einer Blaskapelle und Nebelhornmelodien, die live für ein Publikum an Land gespielt werden. *The Foghorn's Requiem* wurde von den Künstlern Lise Autogena und Joshua Portway in Zusammenarbeit mit dem Komponisten Orlando Gough inszeniert, um »das Verschwinden des Nebelhorns aus der Küstenlandschaft Großbritanniens zu markieren« und einen ikonischen Klang, der zu einem Symbol der lokalen Geschichte und Folklore geworden ist, zu feiern und zu betrauern. // Einige der Anwesenden, wie die Musikjournalistin Jennifer Lucy Allan, finden sich selbst verändert. Allan wird von dem, was sie eine »akustische Auslöschung« nennt, erschüttert, wenn sie sich in der Nähe des dieselbetriebenen Nebelhorns aufhält. Sie ist besessen von diesem Wächter aus einer vergangenen Zeit und begibt sich auf die Suche nach seiner ohrenbetäubenden, wehmütigen Kraft. »Nichts spricht so zum Meer wie ein Nebelhorn«, schreibt sie in ihrem Buch *The Foghorn's Lament*. »Nichts spendet so viel Trost, wenn es warnt, und nichts ist so durchdrungen von dem kolossalen Gewicht von Leben und Tod, Erinnerung und Melancholie.« // Es hat etwas Nachhallendes, wenn ein Wahrzeichen, das einst so viele Menschen vor dem Tod bewahrte, nun mit seiner eigenen Sterblichkeit konfrontiert wird. Vielleicht kann der Verstand gar nicht anders, als den Sprung zu wagen und zu erkennen, dass auch wir eines Tages stumme Hülsen werden, die eine Landschaft von einstigem Zweck und Ruhm bedecken. Vielleicht sehnen wir uns dann auch danach, die Summe unserer Geschichten in einem einzigen Ton in die Welt hinauszuposaunen, um uns dadurch wieder lebendig zu fühlen – ein letztes Mal.

16. Eine Stimme, ein Echo, Stille

Echostein, Buckow, Deutschland

Der Kleine Tornowsee ist dem Schatten zugeneigt. »Es ist, als hätten diese dunklen Wasser einen besonderen Zug in die Tiefe und als stünden sie fester und unbeweglicher da, als andere«, schrieb Theodor Fontane im 19. Jahrhundert. Es war mitten im Zeitalter der Industrialisierung und der Dichter durchstreifte die pastoralen Landschaften um Berlin. Sein Ziel: die kleinen Wunder und Empfindungen zu sammeln, die hier und da im Inneren und Äußeren auftauchen. Dazu zählte auch der Kleine Tornowsee. // Es ist still hier. Kein Vogelgezwitscher, keine schwirrenden Insekten. Die Laute der stummen Gletscher, die einst diese Landschaft formten, haben sich tief in den Weiher eingegraben. Noch immer scheinen sie in diesem hohlen Trog nachzuhallen, ein Schaudern und Zittern zwischen Eichen, Erlen und Eschen. Auch heute muss der Wanderer den ausgetretenen Pfad verlassen, den Weg an den Ufern vorbei finden, um dann unter den Schleier einer Präsenz zu schlüpfen, die über der Oberfläche des Weihers zu schweben scheint. // Es ist leicht, sich hier eine längst vergangene Welt vorzustellen. Fontane schreibt von Nymphen, die in der Johannisnacht mit einem traurigen Glanz in den Augen daraus auftauchen. Wenn es sie je gegeben haben sollte, so haben sie diese Welt verlassen, haben ein anderes Ufer erreicht, hinter einem anderen Schleier. // Am südlichen Ufer steht ein verwittertes Schild: *Echostein*. Darunter, kaum wahrnehmbar, ein grauer Felsen, auf dem es sich gut stehen lässt. Sonst keine weiteren Anweisungen, nur dies: Schild, Stein, die Möglichkeit eines Echos. // »Es funktioniert wirklich«, lautet das Urteil auf den Outdoor-Trekking-Seiten. Und in der Tat, jedes laut ausgesprochene Wort, mit den Füßen schwer auf dem Stein ruhend und über das Wasser gerichtet, kommt zurück, Silbe für Silbe, als hohle Stimme, ursprünglich aus dem eigenen Klangkörper stammend, nun von sich selbst getragen, Zeit und Raum überspannend. // Im Internet gibt es Listen für alles. An der Spitze der besten Echo-Orte stehen Mausoleen, Museen, Tempel. Das Gol-Gumbaz-Mausoleum in Bijapur, Indien. Der El-Castillo-Tempel von Kukulcán in Yukatan, Mexiko. Die Salle des Caryatides im Louvre, Paris. Denkmäler des kollektiven Gedächtnisses vergangener Tage. Gebäude, die bewahren, was längst nicht mehr ist. Und ist nicht auch das Echo wie ein Gespenst, das sich im Zickzackkurs durch Tunnel und leere Räume bewegt und die Hohlräume der Architektur ausfüllt? Eine plötzliche Erschütterung im Gefüge der Welt, die Erfahrungen und Erzählungen miteinander verbindet? // Echos werden folgendermaßen ausgelöst: Ein ausgesandter Klang prallt an einer Oberfläche ab, nicht unähnlich einer Lichtreflexion auf ruhigem Wasser. Allerdings breiten sich die Wellen des Schalls langsamer aus als die des Lichts, und es kommt zu einer zeitlichen Verzögerung. Es ist die Entfernung zwischen der Quelle, dem Zuhörer und der reflektierenden Oberfläche, die diese Verzögerung hervorruft. // »Die Alten bauten Valdrada an die Ufer eines Sees, mit Häusern, ganz Veranda, eins über dem andern, und Hochstraßen, deren Balustraden auf das Wasser gehen. So sieht der Reisende, wenn er ankommt, zwei Städte: eine aufrechte über dem See und eine reflektierte umgekehrte.« Italo Calvino trägt diesen Ort aus seinen *Unsichtbaren Städten* an den fiktiven Kublai Khan heran. Der Khan wird nachdenklich. Dann ist er es, der Marco

Polo eine Stadt beschreibt, einen Ort, den er im Traum gesehen hat, eine Anziehungskraft an einem fernen Ufer. Er befiehlt Polo, aufzubrechen und diese Stadt zu suchen: »Dann komm wieder und berichte, ob mein Traum der Wahrheit entspricht.« Darauf Polo: »Verzeih mir, Herr: Es gibt keinen Zweifel, daß ich über kurz oder lang von jener Mole aus in See gehen werde, doch ich werde nicht zurückkommen, um dir zu berichten. Die Stadt gibt es, und sie hat ein einfaches Geheimnis: Sie kennt nur eine Abfahrt, keine Wiederkehr.« // Der japanischen Überlieferung zufolge sind Kodamas Baumgeister, die man mitten in der Nacht vernimmt. Das Geräusch eines fallenden Baumes, wenn kein Baum am Fallen ist, ein brechender Zweig, wenn niemand da ist, den Zweig zu brechen. Manchmal hallt das Echo in einem Tal, einer Schlucht, an einer Klippe. Kodamas sind so alt wie die japanischen Inseln selbst. Wenn sie die Gestalt eines Yamabiko, eines Echokindes, annehmen, kann es passieren, dass sie sich in Menschen verlieben. // »Als Schall nur lebt sie beständig«, schrieb der römische Dichter Ovid in den *Metamorphosen* über Echo, die Nymphe, die sich danach verzehrte, sich mit dem selbstverliebten Narziss zu vereinen. Ihr Leben war nicht mehr dasselbe, nachdem Hera, die Gattin des Zeus, das Mädchen dazu verdammt hatte, das letzte Wort von allem zu wiederholen, was zu ihr gesprochen wurde. So konnte sie ihren Geliebten nicht mehr erreichen: »gleich viele der Worte / hallte der Ort – ›leb wohl!‹ // ›Leb wohl!‹ auch redete Echo«. Nach Narziss' Tod verkümmerte Echo, wurde zu einem Stein, bis nur noch ihre Stimme übrig blieb, die die Stille heimsuchte. // »Was sind das für Zeiten, wo / ein Gespräch über Bäume fast ein Verbrechen ist, / weil es ein Schweigen über so viele Untaten einschließt!«, heißt es in Bertolt Brechts *An die Nachgeborenen*, entstanden während des Naziregimes. Nach seinem amerikanischen Exil zog er in das kleine Städtchen Buckow. Er suchte dort Zuflucht vor all den Unruhen, die er miterlebt hatte. In Buckow beginnt auch der Wanderweg zum Kleinen Tornowsee. Wie oft wohl wird Brecht dessen Schatten aufgesucht haben? Welche Worte wählte er, um sie über die träge Wasseroberfläche zu raunen? Welche Antworten erhielt er, während er fest den Echostein unter sich spürte? Und welche Stille umgibt uns heute?

17. Der Klang des atomaren Zeitalters

White Sands Missile Range, New Mexico, USA / Yucca Flat, Nevada, USA / Rongelap-Atoll, Marshallinseln / Mururoa- und Fangataufa-Atolle, Französisch-Polynesien

16. Juli 1945. 5:29 Uhr morgens. Das Projekt mit dem Codenamen »Trinity« wird auf dem Raketenstützpunkt White Sands in New Mexico erfolgreich gezündet. Die Hitze nach der Explosion fühlt sich selbst aus zehn Meilen Entfernung wie nach dem Öffnen einer Ofentür an. Navy-Pilot John R. Lugo, unterwegs in einem Truppentransporter, der nach Westen fliegt, beschreibt den Anblick als eine zweite Sonne, die im Süden aufgeht. Darunter verschmilzt der Wüstensand zu einem nie zuvor gesehenen grün-glasigen Gestein, das später »Trinitit« genannt wird. // In seinem offiziellen Bericht hebt Brigadegeneral Thomas F. Farrell die Qualität des Lichts hervor: »Es war golden, lila, violett, grau und blau. Es beleuchtete jeden Gipfel, jede Spalte und jeden Grat der nahen Gebirgskette mit einer Klarheit und Schönheit, die nicht beschrieben werden kann. Man muss sie gesehen haben, um sie sich vorstellen zu können.« Die Explosion sollte den Einstieg der Menschheit in das Atomzeitalter bedeuten.

Weniger markant als der Anblick einer Atomexplosion ist das Geräusch, das sie verursacht. *A Noiseless Flash* (ein lautloser

Blitz) – so lautet der Titel des ersten Kapitels von John Herseys gesammelten Schilderungen der Überlebenden von Hiroshima, die 1946 in der amerikanischen Zeitschrift *The New Yorker* veröffentlicht wurden. »Fast niemand kann sich daran erinnern, das Geräusch der Bombe gehört zu haben«, schreibt Hersey. Höchstwahrscheinlich genügten die schiere Wucht, die Hitze und die Menge der Trümmer aus, um jeden zu überwältigen, der das Glück (oder das Pech) hatte, zu überleben. // Bei einer ausreichend großen Explosion, die aus sicherer Entfernung beobachtet wird, kommt es immer zu einer Verzögerung zwischen Bild und Ton. Populäre Mediendarstellungen und Rekonstruktionen neigen dazu, dies zu einem einzigen monströsen Phänomen zu verdichten. Anmerkungen von Robert L. Mott zur Gestaltung der Geräusche einer Atomexplosion in seinem Standardwerk *Sound Effects: Radio, TV and Film*: ein Gebäude, das gesprengt wird, um die erste Explosion widerzuspiegeln, gefolgt vom verlangsamten Tosen eines Wasserfalls für die Nachhall- und Abklingphase. // Richtig abgemischt, kann diese Täuschung authentisch und glaubhaft wirken. »Kein einziger Zuschauer, kein einziger Kritiker, nicht einmal die Wissenschaftler, die die Bombe entwickelt hatten, beschwerten sich über diese seltsame Mischung von Geräuschen, als sie in den frühen 1950er-Jahren in den Fernsehnachrichten auftauchte«, rühmt Mott diese Erfindung. »Was jeder hörte, passte überzeugend zum Bild.«

Doch wie klingt es in Wahrheit? Im Bestreben, die Ängste der Öffentlichkeit vor Atomwaffentests zu zerstreuen, waren am 17. März 1953 zivile Reporter zugelassen, um »Annie« zu beobachten, einen von elf Tests, die im Rahmen des Projekts »Upshot-Knothole« in Yucca Flat, Nevada, durchgeführt wurden. Der unbearbeitete Ton der Explosion, der mehr als dreißig Sekunden nach dem ersten Blitz auftrat, entspricht nicht dem dumpfen, ansteigenden Grollen, das man erwarten würde, sondern gleicht eher einem scharfen Gewehrknall, unmittelbar gefolgt von einem Schimpfwort eines unbekannten Soldaten. // Der zufriedene General John H. Hodge in einem anschließenden Presseinterview: »Der Test ist, glaube ich, sehr gut verlaufen.« Zur Reaktion seiner Truppen auf die Explosion, die 16 000 Tonnen TNT entsprach, meinte er: »Sie nahmen es mit Fassung hin, so wie amerikanische Soldaten alles hinnehmen.« // Das National Cancer Institute schätzt, dass allein das Projekt »Upshot-Knothole« für 28 000 Fälle von Schilddrüsenkrebs und 1400 Todesfälle verantwortlich ist.

Nuklearer Fallout ist lautlos und fällt leicht wie Schnee. Bevor sich ihre Haut abschälte und in ihren Körpern Tumore wuchsen, spielten die Kinder des zu den Marshallinseln gehörenden Rongelap-Atolls in einer noch nie zuvor gesehenen Korallenasche, die auf ihre Küste zutrieb – das Ergebnis der Operation »Castle Bravo«, des Atomtests, der 1954 auf dem Bikini-Atoll durchgeführt worden war. Die Wasserstoffbombe war dreimal stärker als berechnet und tausendmal stärker als die auf Hiroshima abgeworfene Bombe. // In den nächsten fünf Jahrzehnten führten auch andere Atommächte Waffentests auf Inseln im Südpazifik durch: das Vereinigte Königreich mit der Operation »Grapple« auf Kiritimati und Malden Island; die französische Streitmacht auf den Atollen Mururoa und Fangataufa. Der 1974 ausgeführte Test mit dem Codenamen »Centaure« setzte die Bevölkerung Tahitis einer gefährlichen Strahlung aus, als die dabei entstandene Wolke eine unerwartete Flugbahn nahm. // Es gibt eine gewisse zeitliche Verzögerung zwischen der Tat und dem Eingeständnis. Noch länger ist die Verzögerung zwischen dem Eingeständnis und der Wiedergutmachung. Sechzig Jahre später sind die einstigen Kinder des Bikini-Atolls im Exil lebende Senioren. Sie warten noch immer auf eine Kompensation, die möglicherweise nie kommen wird. Sie können nicht in ihr inzwischen vergiftetes Paradies zurück und fürchten sich ständig vor einem Geräusch, das sie überallhin begleitet: die knisternd-knackende Warnung der Geigerzähler – vielleicht das wahre, überdauernde Signal des atomaren Zeitalters.

18. Laute aus dem einst tiefsten Loch der Welt

Kola-Bohrloch, Kola-Halbinsel, Russland / Stratavator, Carnegie Museum of Natural History, Pittsburgh, Pennsylvania, USA

Die Kosmologie verläuft selbst in der horizontalen, flachen Landschaft vertikal. Von oben – Himmel – nach unten – Hölle. Dazwischen: die dünne Ebene, in der das Leben wurzelt. Eine zarte, empfindliche Schicht, die der Mensch in dystopische Landschaften verwandelt. // Vilgiskoddeoayvinyarvi, der Wolfssee in den Bergen, war einst die Heimat der samischen Ureinwohner und ihrer Rentierherden. Heute sind die Seen, Flüsse und Sümpfe vergiftet. Kupfer- und Nickelminen sowie Schmelzhütten haben die kargen Böden umgewälzt. Nur der Wind und einige Vögel ziehen über die Hügel, das sonstige Leben verschwindet auf der subarktischen Halbinsel Kola. // Irgendwo inmitten dieser kargen Gefilde erhebt sich ein verfallener Industrieturm. Seine Trümmer liegen auf dem Boden verstreut. Am Fuß des Turms: eine Metallabdeckung, etwa eine Armeslänge im Durchmesser, verschweißt und verschlossen mit Eisenschrauben, dick, schwer, verrostet. Darunter: der Eingang zum einst tiefsten Loch der Erde. // »Die Welt ist tief: und tiefer, als der Tag je begriffen hat«, schreibt Nietzsche in *Also sprach Zarathustra*. Die Bohrungen in Kola begannen am 24. Mai 1970 im Rahmen des Programms »Untersuchung der kontinentalen Kruste durch Tiefbohrungen« der damaligen Sowjetunion. Im selben Jahr hätte Lenin seinen 100. Geburtstag gefeiert, und das Komitee war bestrebt, Projekte zu unterstützen, die Russland im Wettrennen um den Weltraum nach vorne katapultierten: Sie versprachen sich einen Wissensvorsprung durch die Erforschung der festen Finsternis des Untergrunds, statt der unendlichen Ewigkeit darüber. Kurz: Erkenntnisse über die Beschaffenheit der Erde. Über tektonische Verschiebungen. Über die Ortung von Metallen und Mineralien. Vielleicht sogar einen Hinweis auf eine hohle Erde? Der Plan war, ein Drittel durch die kontinentale Kruste des Baltischen Schildes zu bohren, der in Kola etwa 35 Kilometer misst. Der Erdmantel würde dabei nicht einmal angekratzt werden, und bis zum Kern des Planeten wären es noch weitere 6000 Kilometer. Und trotzdem: Das Loch wäre tiefer, als irgendjemand sonst es je gewagt hatte, selbst die Amerikaner. // Im Jahr 1984 hatten die sowjetischen Wissenschaftler eine Tiefe von 12 262 Meter erreicht. Ein Grund zu feiern. Man lud Experten aus der ganzen Welt ein. Eine dreitägige Exkursion zum Kola-Bohrloch, eine Busrundfahrt durch Murmansk, ein Konzert im Oktyabr-Gemeindezentrum und eine Abschiedsparty. Als Geschenk für die Gäste: Kaffeetassen mit einem Bild des ikonischen Bohrturms. // Der Akt des Bohrens ist eine Erkundung der Zeit, einer in Schichten gefalteten Zeit. In 1000 Metern Tiefe stießen die Wissenschaftler auf Magnetit, Kupfer, Nickel wie auch auf Wasser. In etwa drei Kilometern Tiefe fanden sie Gestein, das den Proben von auf dem Mond geborgenem Material ähnelte (leider von den Amerikanern). In zehn Kilometern Tiefe dann 2,5 Milliarden Jahre altes Mineral, das mit Fossilien von Organismen durchsetzt war, die den damaligen wissenschaftlichen Vorstellungen widersprachen. Die Temperaturen liegen dort unten bei 180 °C und nehmen mit zunehmender Tiefe rasch zu. Das Gestein wird dehnbar und zähflüssig. Die Bohrer verlieren in der melasseartigen Substanz den Halt. Als keine von Menschenhand geschaffene Technik es erlaubte, weiter vorzudringen, begannen die Wissenschaftler zu lauschen. // In den 1990er-Jahren machte eine Aufnahme aus dem Bohrloch die Runde: Schreie und Rufe. Christliche Zeitungen in den USA hielten sie bereitwillig für die Stimmen gequälter Menschen. Was hatten die Russen in dem unergründlich tiefen Loch wirklich entdeckt? Hatten sie das Tor zur Hölle geöffnet? // Es stellte sich jedoch bald heraus, dass es ein Schwindel war. Die höllische Tonspur war nichts anderes als eine Geräuschkulisse aus *Baron Blood*, einem italienischen Horrorfilm aus den 1970er-Jahren, gemischt mit dem Rumpeln der New Yorker U-Bahn. Dennoch beflügelte sie die Gemüter vieler Gläubiger, bevor Fake News zu einem Phänomen wurden. // Die echten Aufnahmen aus dem Loch waren anderer Art. Sie wurden mit Tonsensoren und Geophonen erstellt, die die seismischen Vibrationen aufzeichneten. Zunächst war ein Grollen zu hören. Dann verstummte es. Am nächsten Tag begann es wieder. Und schwieg erneut. Es dauerte einige Zeit, bis die Wissenschaftler die Schwingungen mit den Arbeitszeiten einer nahe gelegenen Kupfermine in Verbindung brachten. Die Erde spielte ihnen die Klänge des Anthropozäns zurück. Sie hielten ihre Sensoren ruhig und ausgerichtet. Es gab noch andere Signale. Je länger sie lauschten, desto deutlicher erkannten sie eine Klanglandschaft aus Echos und Knirschen, Rumpeln und Dröhnen, zitternd und dumpf. Was waren das für Rhythmen, wovon erzählten sie? // Viele Jahre später besuchte der Klangkünstler Justin Bennett das verfallene Kola-Bohrloch, um die Stimmung des Ortes aufzunehmen. Er interviewte Juri Smirnow, den einstigen Chefgeologen des Projekts, der damals noch ganz in der Nähe ein Zimmer bewohnte, das vollgestopft war mit Gesteinsproben aus dem Erdinneren, zum Riechen und Anfassen, Granit, der sich auf die Haut gepresst leblos und kalt anfühlt. Smirnow schrieb Gedichte und war mit Dantes *Inferno* vertraut, das er faszinierend fand, dessen Moral und Politik ihn aber langweilten. Er führte Bennett seine Medaillen vor, die ihm während seiner fast vierzig Arbeitsjahre an der Bohrstelle verliehen worden waren, auch wenn er die letzten zehn damit zugebracht hatte, nicht sonderlich viel zu tun, da man die Mittel nach und nach kürzte, bis das Projekt 2007 schließlich eingestellt wurde. Für seine Installation *Wolf Lake on the Mountain* erschuf Bennett die fiktive Figur des Victor Koslovsky, die er Smirnow nachempfand. Er stellt sich vor, wie dieser regelmäßig den Turm aufsucht und dort in die Landschaft schaut. Er beobachtet die Vögel, die um das Bohrloch kreisen, und sinniert über diesen Akupunkturpunkt, der tief in die Erde hinabreicht. Koslovsky erzählt, wie die Menschen vergessen haben, zuzuhören. Wie er langsam lernt, die Zukunft vorherzusagen, indem er sich auf die sich verlagernden Schwingungen des Planeten konzentriert. Und wie das offene Bohrloch wie eine Trompete klingt, wenn der Wind in es hineinbläst. // Das Naturkundemuseum von Pittsburgh unterhält einen Stratavator, einen Aufzug, der eine Fahrt in die Tiefe der Erde simuliert. Untermalt wird das Abenteuer von einer Geräuschkulisse bestehend aus einer Art Wind, der im Schacht gefangen ist, und dem Kurbeln der Aufzugsseile. »Weiter geht es nicht«, erklärt der begeisterte Bergmann auf dem Videobildschirm, als die Fahrt in 5000 Metern Tiefe endet. Seit der Schließung des Kola-Bohrlochs wurden an anderen Orten Versuche unternommen, noch weiter zu graben. In Katar wurde zuletzt der Rekord für das tiefste Loch der Erde gebrochen. Niemand hört in die Al-Shaheen-Bohrung hinein, hier wird nach Öl gedrillt, um weitere fossile Brennstoffe zu fördern, die dann verbrannt werden. Niemand lauscht hier in die Tiefe und versucht, die Zukunft zu deuten. Bis hierher sind wir gekommen.

19. Die summenden Felder: Die Bergwiesen des Altai-Gebirges

Republik Altai

Stellen Sie sich ein Land vor, in dem alle in Frieden und Harmonie leben. Ein Land, versteckt, irgendwo in den Bergen, das auf keiner Landkarte verzeichnet ist, nicht einmal als weißer Fleck. // Einst, irgendwann zwischen dem 9. und 10. Jahrhundert, beriet sich Wladimir der Große, Großfürst von Kiew und Herrscher der Kiewer Rus, mit einem reisenden Mönch, wo ein solches Land zu finden sei. Der Mönch versetzte sich in einen Zustand der Trance und sprach: »Suche weit, weit entfernt im Osten. Aber seid euch bewusst. Nur wer wirklich sucht, wird es auch finden.« // Um die Berge des Altai zu erreichen, muss man sechs Tage und Nächte lang die sibirische Steppe durchqueren, in Zügen mit Europopklängen und in holpernden Bussen. Der Altai liegt fast in der Mitte des eurasischen Kontinents, zwischen ihm und dem Rest der Welt erstreckt sich ein Ozean aus Gras, die dunkle Taiga oder die Trockenheit Kasachstans und der Mongolei. // In den Altai dringt die Industrialisierung nur als eine Art unangenehmer Mundgeruch, von dort kommend, wo die Menschen mit zu viel Materiellem beschäftigt sind. Hier sind die Behausungen aus Holz oder Stein, Lehm oder Leder gebaut und zerfallen innerhalb der Zeitspanne eines gesunden Menschenlebens. Keine Schlösser, Festungen,

Tempel. Keine Städte, Flughäfen, Gleise. Keine Fabriken. Keine Nationenbildung vor der Eingliederung ins Russische Zarenreich. Geschichte ist nur ein vages Konzept in dieser Landschaft, in der die Nomaden umherziehen wie die Wolken, die Winde und die Schwalben, denen die Altaier am Ende eines jeden Sommers Lieder widmen. »Kommt wieder«, singen sie den Zugvögeln zu und drücken damit ihre Verbundenheit mit den Tieren aus, mit denen sie Luft, Wasser und Boden teilen. Immaterielle Lobpreisungen. Ein Lied. Nicht mehr. // Die Welt ist belebt und immer im Werden. War es vor 100 Jahren, vor 1000 Jahren oder vor 10 000 Jahren, als ein Wanderer *Ein Verlorener, einer, der den wahren Weg sucht, hat dies geschrieben* in die Steine am Fluss Katun ritzte, diesem silbern schimmernden Band? Vor 10 000 Jahren, bestätigt ein Schild die Petroglyphen entlang des Tschuiski-Trakts, der einzigen Fernstraße in einem Land voller unbefestigter Wege. Es scheint, als hätte sich hier nicht viel verändert in dem, was die Zivilisation eine Myriade nennt. Das Rauschen des Flusses dort unten, das Summen der Insekten auf den Feldern weiter oben, vielleicht der Schrei eines Vogels über dem Tal. // Im Sommer taucht die sibirische Sonne jeden Stein und jeden Grashalm in den Glanz von Ikonen. Manchmal zweigt ein Schotterpfad vom Tschuiski-Trakt ab. Folgt man ihm eine Weile, löst sich die Kulisse von den Geräuschen der GAZ-Motoren und sinkt zurück in jene der Jahreszeiten. Die Zeit steht nicht still in dieser vorindustriellen Welt. Aber ihr Rhythmus ist uralt, und die Stimmen, die man hört, erzählen davon. // Diejenigen, die sich auf den Weg gemacht haben, halten inne und schließen die Augen. Sie strecken ihre Hände aus, durchkämmen das brusthohe Gras und die blühenden Bergwiesen, atmen die würzigen Noten von Pfefferminze und Bilsenkraut, von Orchideen und Schwertlilien, von Fichten und Edelweiß. 600 Moosarten, 1200 verschiedene Flechten, über 3500 Arten von Gefäßpflanzen.

Und darüber schwebend, darunter krabbelnd, dazwischen Netze spinnend: Insekten, Vögel, Bienen, Spinnen. Das Surren, das Brummen, das hörbare Zusammenspiel von Millionen von Lebewesen. // Viele beschreiben das als die wahre Essenz dieses Ortes, die summenden Wiesen des Altai-Gebirges. Es ist ein Klang, der so beruhigend und besänftigend ist, dass manche sagen, er transportiere Geist und Seele zu einer Pforte, und jenseits davon: vielleicht der Eingang zu jenem abgelegenen Land, an dem alle – Menschen, Nicht-Menschen, Beseelte und Nicht-Beseelte – in Frieden und Harmonie leben. Haben sich einst alle Flecken der Erde entlang dieses Breitengrads so angehört? // »Und so vernehmen wir das Geflecht all dieser Narrative. Ich denke, das ist zum einen eine wunderbare Abwechslung zu der besonderen menschlichen Art zu denken und zu lauschen, zum anderen lehrt es uns aber auch, dass dies die Herausforderung unserer Zeit ist: Wie finden konkurrierende Narrative, von denen es Tausende gibt, ihren Weg zueinander, sodass sie sich gegenseitig durchdringen, ohne das ganze Gebäude zum Einsturz zu bringen?«, fragt David Haskell, Autor von *Sounds Wild and Broken*, und verweist auf die Klänge der natürlichen Welt, von Tausenden von Arten, die gemeinsam einen Lebensraum bewohnen. »Ich denke, dass wir dadurch die Vorteile der Anarchie zu schätzen lernen; nicht Anarchie als zerstörerische Kraft, sondern Anarchie in dem Sinne, dass es keine zentrale Autorität gibt, wie sie in der menschlichen Musik existiert und dort auch existieren sollte.« Es verändert die Seele, so etwas beizuwohnen. // Wenn Russen hierher in eine der neu errichteten Öko-Lodges reisen, bitten ihre zu Hause gebliebenen Freunde sie, Honig mitzubringen. Nur ein Glas Honig. Und darin das Zusammenspiel von Insekten, Blumen, dem Boden darunter, dem Wetter, der Sonne darüber. // Gelegentlich schneit es im Altai mitten im Sommer. Leichte weiße Flocken, manchmal vermischt mit metallenen Trümmerteilen. Baikonur, der größte Raumhafen der Welt, liegt jenseits der Berge in Kasachstan. Entlang der Flugbahn der Raketen verläuft ein Pfad des Todes, verursacht durch den giftigen Raketentreibstoff UDMH. Menschen und Tiere gleichermaßen erleiden Krebs und Schlaganfälle. Während einige nach dem Land des Friedens und der Harmonie in den Welten über uns suchen, ist eines der letzten Paradiese auf Erden ihnen schutzlos ausgeliefert.

20. Außerirdisch, aber nicht außergewöhnlich: Die Fundstücke des Fantastischen

Baikalsee, Südsibirien, Russland / Edmonds Lake, Alaska, USA / Steamboat Lake State Park, Colorado, USA / Monument Valley, Utah, USA / Pocono Mountains, Pennsylvania, USA

Manchmal kommt es zwischen der visuellen und der akustischen Welt zu Diskrepanzen, und wir können das, was wir hören, nicht mit dem, was wir sehen, in Einklang bringen. Als Cory Williams einen Stein über die gefrorene Oberfläche des Edmonds Lake in der Nähe von Anchorage, Alaska, springen ließ, rechnete er nicht damit, Laserschüsse zu hören, oder, dass das YouTube-Video, das seine Verwunderung darüber festhielt, viral gehen würde. Daraufhin verbreiteten sich weitere Videos von eingefangenen Momenten überirdisch anmutender Emanationen auf fraktierendem Eis: Der Fotograf Alexey Kolganov hörte beim Skifahren über dem Baikalsee Geräusche, die an Kanonen erinnerten, wummernd und nachhallend, möglicherweise verstärkt durch die immense Tiefe des Sees; die Klänge vom Steamboat Lake, zu bestaunen auf dem offiziellen Twitter-Account von Colorado Parks and Wildlife, die auf verblüffende Weise die ikonischen Blastergeräusche aus dem ersten *Star Wars*-Film wiedergeben, die Generationen von Kinogängern so gut kennen. Solch außerirdische Töne aus irdischen Quellen wecken natürlich Neugierde und verlangen nach Erklärungen. Nicht selten sind es Verschwörungstheoretiker, die sich als Erste auf die unmittelbarsten und dabei am weitesten hergeholten Schlussfolgerungen stürzen. »Das ist der hundertprozentige Beweis für eine außerirdische Basis unter dem See«, behauptet einer, überzeugt von der Anwesenheit extraterrestrischer Labors, in denen geheime Waffen getestet werden. Auch hier gibt es also wieder Diskrepanzen, diesmal zwischen Realität und Fantasie.

Die Laser der realen Welt mögen zwar schnarren und schwirren, weil sie mit Stromversorgungs- und Kühlsystemen ausgestattet sind, ihr Lichtstrahl selbst aber ist lautlos. // Die Physiker sind mit ihren Erklärungen nicht ganz so schnell wie die Verschwörungstheoretiker, dafür kommen sie zu soliden, belegbaren Ergebnissen und führen die Ursache der Eisgeräusche auf die akustische Dispersion zurück, bei der sich die Frequenzen, die sich mit unterschiedlichen Geschwindigkeiten durch das Eis bewegen, voneinander trennen. Auf diese Weise erreichen zunächst die hohen Triller unsere Ohren, während die tieferen Spektraltöne erst später vernehmbar sind. Ein seltsames, aber einfach zu enträtselndes Phänomen.

Und dann gibt es die Menschen, die weit reisen, um Klänge zu finden, die obskure Geschichten erzählen. Der Filmkomponist Hans Zimmer suchte in den Wüsten des Monument Valley nach akustischer Inspiration für die neueste Verfilmung von *Dune*. »Wie heult der Wind durch die Felsen?«, sinniert er, während er versucht, die Atmosphäre der kargen Filmlandschaft musikalisch zu vermitteln. »Wie knirscht der Sand zwischen den Zähnen?« // Sein Team vergrub Hydrophone in der Erde, um zu verstehen, wie sich die riesigen Sandwürmer des Wüstenplaneten anhören könnten, wenn sie unter den Dünen umherziehen wie Wale in der echten Welt unter der Meeresoberfläche. Sandrieseln als Brandungsgeräusch. Die Tiefen der Wüste als Abgründe des Ozeans. Eine transformative Hörübung, ein Mittel, um fantastischen Wesen Leben einzuhauchen.

Meistens entstehen die außergewöhnlichsten Geräusche bei den alltäglichsten Tätigkeiten. // Bei den echten *Star Wars*-Blasterklängen spielte kein gefrorener, weit, weit entfernter See eine Rolle. Stattdessen wurde der renommierte Sounddesigner Ben Burtt bei einer Rucksacktour mit seiner Familie in den Pocono Mountains im Nordosten Pennsylvanias fündig: der Spanndraht eines Sendeturms, mit einem Hammer angeschlagen und mit einem Mikrofon aufgenommen. Der Rest ist Geschichte. // Darin besteht die Kunst und das Geschick des Tontechnikers: das, was das Publikum hört, mit dem zu synchronisieren, was es auf dem Bildschirm sieht, um dadurch seine Erwartungen mit seiner Vorstellungskraft in Einklang zu bringen. So wird das Klackern zweier Kokosnusshälften zum Klappern eines Pferdes, das Knacken von Selleriestangen zum Brechen von Knochen. // Man braucht nur die Augen zu schließen, und schon ist überall Magie zu vernehmen. Der brutzelnde Speck in der Pfanne wird zu einem Ticket in eine Landschaft voll prasselnden Regens. Man knittere etwas Zellophanpapier, und schon entfacht sich ein behagliches Feuer im Kamin. Sogar Fernreisen sind durch Klangfunde nach Lust und Laune möglich: Einfach eine metallene Slinky Spirale zwischen zwei Punkte spannen und anschlagen, die einfache Version des Hammers auf dem Sendeturmdraht – und schon ist man mitten in einem Abenteuer in einer weit, weit entfernten Galaxie.

21. Aufgehorcht! Über die Dazwischen-Klänge

The Microsoft Sound, Windows 95 / Opus No. 1, Cisco Call Manager Standard-Warteschleifenmusik / Hassha merodii, japanische Zugabfahrtsmelodien / Ambient 1, Brian Enos Flughafenmusik

Mehr als ein Jahrzehnt vor dem ersten iPhone. Zehntausende stehen um Mitternacht Schlange, gespannt auf eine neue Zukunft, herbeigeführt von der Unterhaltungselektronik: Windows 95, das Betriebssystem, das versprach, das aufkeimende Internet-Zeitalter einzuläuten. Bevor der Wählton und das Zischen des Modem-Handshakes die User ins World Wide Web führten, wurden sie vom Startgong von Windows 95 begrüßt, der später schlicht als *The Microsoft Sound* bekannt wurde. // Es war der renommierte britische Klangkünstler Brian Eno, der vom Softwaregiganten gebeten wurde, diesen legendären Jingle zu produzieren. Er sollte inspirierend und universell sein, erinnert sich Eno an die Anweisungen, die er erhielt, optimistisch und futuristisch. Auch emotional und sentimental. Oh, und er sollte dreieinviertel Sekunden lang sein. Eno stürzte sich in die Aufgabe und schuf schließlich 84 Versionen, von denen 83 bisher nie veröffentlicht wurden. »Es ist, als stelle man ein winzig kleines Juwel her«, sinniert der Musiker über das letzte Arpeggio, das traumhaft und ätherisch für immer in der Soundgeschichte verankert sein wird. // Natürlich gibt es auch noch andere Melodien für andere Betriebssysteme. Das Surround-Sound-Spektakel von Windows 98. Die frischen, luftigen Klänge von Windows XP. Doch in den letzten Jahren sind die Start-Sounds kürzer, weniger aussagekräftig und minimalistischer geworden. Generisch und nicht einprägsam. Es gibt keine Zeit mehr für fröhliche Begrüßungen in unserer Ära der immer und überall genutzten mobilen Geräte. Selbst Jenson Harris, der ehemalige Direktor des Windows User Experience Teams, bedauert, die Abschaffung dieser Sounds veranlasst zu haben.

Für eine Gesellschaft, die scheinbar keine Zeit mehr für kleine Begrüßungen hat, vergeuden wir überraschend viel Zeit in der Schwebe. Der Tech-Gigant Cisco hat mit über 100 Millionen verkauften Unternehmenstelefonen nicht unwesentlich dazu beigetragen, dass die Welt in Warteschleifen festhängt. Diese allzu vertraute Erfahrung könnte noch unerträglicher sein, wenn es nicht die sogenannte CallManager Default Hold-Musik gäbe. Ursprünglich trug das Stück den Titel *Opus No. 1* und wurde 1989 von dem 16-jährigen Tim Carleton komponiert und von seinem Highschool-Freund Darrick Deel, der später bei Cisco Telefonsysteme entwickelte, auf vier Tonspuren aufgenommen. Mit Carletons Erlaubnis installierte Deel das fünfminütige Bandstück in den Standardeinstellungen. // Es bedurfte keines Radiosenders, keiner Top-10-Liste, um die mitreißenden Synthies von *Opus No. 1* einem Millionenpublikum zugänglich zu machen. Das Stück erlangte auch so Ohrwurmstatus. »Die perfekte Musik für eine nächtliche Autofahrt«, »Spielt das mal auf meiner Hochzeit«, »Die einzige Warteschleifenmusik, bei der ich in der Warteschleife bleiben wollte«. Für viele wurde Carletons jugendliches Musikexperiment zu einem willkommenen Antidot gegen die Flut von Hinhaltetaktiken wie: »Bitte haben Sie noch einen Augenblick Geduld, ein Mitarbeiter ist gleich für Sie da.«.

Ein Kleinod, das den gesunden Menschenverstand im Kampf gegen eine kafkaeske Bürokratie bewahrt.

Um die Kanten des modernen Lebens abzuschleifen, braucht es kleine Töne mit menschlicher Note. Vielleicht ist davon niemand so sehr überzeugt wie Minoru Mukaiya, ehemaliger Keyboarder der legendären japanischen Jazz-Fusion-Band Casiopea und heute Komponist von *Hassha merodii* – Melodien für abfahrende Züge an Bahnhöfen in ganz Japan. Jede von Mukaiyas sieben Sekunden dauernden Kompositionen berücksichtigt, in welcher Weise ein Zug in den Bahnhof einfährt, den Verlauf der Gleise und die Richtung, die er danach nehmen wird. Die ansteigende Melodie im Bahnhof Shibuya ist beschwingt und spiegelt den Aufstieg zum nächsten Bahnhof wider. Das Stück für Monzen-Nakacho bedient sich traditioneller Instrumente, um die ältere Bevölkerung des Viertels zu würdigen. In Takadanobaba erklingt das *Astro Boy*-Thema, eine Anspielung auf den Schauplatz der kultigen Manga-Serie. Jeder der 170 Jingles erlaubt den Fahrgästen eine »Verweildauer« bis zum Einsteigen. Je vertrauter die Fahrgäste mit den Melodien sind, desto eher wissen sie, ob sie genug Zeit haben, den Zug zu erreichen, und desto weniger neigen sie zu Eile und Stress. Mukaiya besteht darauf, jedes Stück von Hand einzuspielen, weil er glaubt, dass die Unvollkommenheiten des »menschlichen Grooves« die Stücke intimer und fröhlicher machen. Fans haben dem Jingle-Komponisten gesagt, dass seine Lieder ihnen helfen, sich nach einem anstrengenden Arbeitstag zu entspannen. In Japan liegen 44 der 50 am stärksten frequentierten Bahnhöfe der Welt. Tag für Tag kann ein Ethos der Fürsorge für eine so kleine Sache für viele eine so große Bedeutung haben.

Was ist der Soundtrack des Dazwischen-Seins? Was ist die Musik der Interludien, der Klang zwischen dem einen Akt und dem nächsten? Wieder war es Brian Eno, der sich von dieser Fragestellung inspirieren ließ, diesmal an einem Sonntagmorgen beim Warten auf dem Flughafen Köln/Bonn. Fasziniert von der Schönheit der Architektur, aber beleidigt von der Musikauswahl, schuf Eno das, was heute als Ambient Music bekannt ist. Als Mittel zur Erforschung der akustischen und atmosphärischen Eigenheiten öffentlicher Räume. // Das 1978 veröffentlichte Album *Ambient 1: Music for Airports* wurde zu einem kraftvollen Gegenentwurf zur damaligen Fahrstuhlmusik aus der Konserve und sollte »Ruhe auslösen und einen Raum zum Nachdenken schaffen«. Aus dem Klappentext des Albums: »Ambient Music muss in der Lage sein, viele Ebenen der Aufmerksamkeit des Zuhörers zu bedienen, ohne eine bestimmte zu erzwingen; sie muss ebenso interessant wie ignorierbar sein.« Mit Letzterem war Eno nicht ganz so erfolgreich. Mehr als vier Jahrzehnte nach seiner Veröffentlichung wird das Werk als bahnbrechendes Meisterwerk gefeiert, das zu interessant geworden ist, um in den Hintergrund zu treten. »Diese Musik ist scheu«, schreibt John T. Lysaker, Professor für Philosophie an der Emory University. »Sie fängt unsere Aufmerksamkeit ein und lässt sie dann in der Schwebe. Manchmal sind wir einfach zwischen Hören und Hinhören gefangen. Andere Male entsteht eine gewisse Verträumtheit. Was auch immer wir gerade tun, wird ein wenig seltsam, wird zu etwas, über das wir beginnen, stärker nachzudenken, zu etwas, das wir vielleicht anders angehen sollten. Das Album vollbringt damit etwas, was einer Menge kraftvoller Kunst gelingt: Es verdrängt das Vertraute. Aber anstatt es durch eine neue Vision zu ersetzen, lässt es uns darüber sinnieren, was noch sein könnte.« // Vielleicht ist es das, was die Klänge des Dazwischen-Seins anstreben sollten: nicht unsere Aufmerksamkeit direkt zu beanspruchen, sondern uns den Raum zu schenken, uns in der Welt zu entfalten, indem wir das, was wir getan haben und tun werden, mit dem gegenwärtigen Moment, in dem wir uns im Jetzt befinden, verbinden.

22. Das nicht ganz so geheime und stille Liebesleben der Fische

Sausalito, Kalifornien, USA / Cape Coral, Florida, USA / Colorado River Delta, Golf von Kalifornien, Mexiko

Von Fröschen, Vögeln und Zikaden erwartet man kreatürliche Kakophonien – aber von Fischen? Hausbootbesitzer, die in den frühen 1980er-Jahren in Sausalito, Kalifornien, lebten, wurden mit den Liebesliedern des summenden Krötenfisches (*Porichthys notatus*) beglückt. Seine Balzgesänge verglich man mit einem Raum voller Oboen, dem Dröhnen von B-52-Bombern oder ins Wasser geworfenen Elektrorasierern. Anfängliche Theorien über den Ursprung dieses mysteriösen Geräusches lauteten: geheime U-Boot-Projekte; schalldurchlässige Elektrokabel; Einleitungen aus der nahe gelegenen Kläranlage; Nervengas, das von der CIA in die Bucht gepumpt wird. Später konnten Biologen den Lärm auf den gerade mal zwanzig Zentimeter großen Fisch zurückführen. Hausbootbesitzer mit Schlafzimmern an oder unter der Wasseroberfläche litten am meisten, da die Rufe durch die Stahlbetonrümpfe verstärkt wurden. Ohrstöpsel erwiesen sich als nutzlos. »Je ruhiger die Nacht, desto lauter das Brummen«, bemerkte eine Frau namens Suzanne Dunwell. »Es mag ja der Paarungsruf der Krötenfische sein, aber er stört das Sexualleben der Menschen, die hier leben.«

Die Bewohner der Küstenstadt nahmen ihr Schicksal selbst in die Hand und begannen, ein jährliches Humming Toadfish Festival zu veranstalten. Die Feiernden verkleideten sich als Seeungeheuer und tanzende Fische, zogen um den Steg und hörten Kazoo-Versionen von *Yes! We have No Bananas* und *The Battle Hymn of the Republic.* Sogar die Krönung eines Krötenfisch-Königs wurde zelebriert. Der Krötenfisch passe perfekt zu dieser Stadt, meinte ein Einwohner und Festivalbesucher. »Er ist exzentrisch, er ist eigenartig, er ist abgedreht.« Und das ist er dann auch, ganz wörtlich: Um 1990 brach der Krötenfisch auf, zu neuen Brut- und Singstätten.

2005. Rentner, die in Cape Coral, Florida, überwinterten, hatten es satt, dass ihre friedlichen Abende ruiniert wurden, und machten das örtliche Elektrizitätswerk für die nächtlichen Störungen verantwortlich, die jeden Abend in der Dämmerung begannen und mehrere Stunden bis in die Nacht hinein andauerten. Als die Ursache schließlich gefunden wurde, waren einige der Betroffenen fassungslos: »Es ist doch nicht möglich, dass ein Fisch so laut ist, dass man ihn im Inneren eines Hauses hören kann.« Die künstlich angelegten Kanäle entlang der Wohnsiedlung erwiesen sich als perfekter Lebensraum für den Schwarzen Trommler (*Pogonias cromis*). Sie verstecken sich hier vor Haien, während sie ihre Ständchen singen. Wenn die Männchen, die bis zu sechs Jahrzehnte alt und bis zu fünfzig Kilogramm schwer werden können, ihre Bauchmuskeln gegen die Schwimmblasen anspannen, erzeugen sie Balzgesänge im Bereich von 100 bis 500 Hz – tief und intensiv genug, um sie über die Kanalwände bis in die Rumpelkammern von noblen Immobilien mit Wasserzugang zu übertragen.

Der Weltrekord für den lautesten Fisch aber gehört dem Umberfisch (*Cynoscion othonopterus*), einem Verwandten des Schwarzen Trommlers, der im oberen Golf von Kalifornien beheimatet ist.

Jedes Frühjahr versammelt sich die gesamte erwachsene Population im Colorado River Delta, um sich zu paaren; Schätzungen zufolge wurden an einem Spitzenlaichtag bis zu 1,5 Millionen Fische auf einer 27 Kilometer langen Strecke registriert. Mit 177 Dezibel ist der maschinengewehrartige Balzruf eines männlichen Umberfisches unter Wasser so laut wie ein Rockkonzert an Land. Das ist ungefähr so, als würde man direkt neben einer laufenden Kettensäge stehen. Delfine und Seelöwen, die in diesem Gebiet laichen, riskieren bei solchen Schallpegeln einen vorübergehenden oder gar dauerhaften Hörverlust. Forscher, die über einen Laichschwarm fuhren, berichteten von einem leisen Brummen, das durch den Rumpf ihres Bootes vibrierte und dann immer lauter wurde, bis es einem gigantischen Bienenschwarm glich. Obwohl sie außerhalb des Wassers waren, mussten sie sich gegenseitig anschreien, um sich verständlich zu machen.

Die Umberfische haben ihre Rufe lauter werden lassen, um in einer von Natur aus lauten und turbulenten Umgebung besser kommunizieren zu können, ein Phänomen, das allgemein als Lombard-Effekt bekannt ist. Möglicherweise haben sie auch das Cocktailparty-Problem gelöst – durch die Fähigkeit, bestimmte Schallwellen aus anderen Geräuschen zu extrahieren: Sie sind offenbar in der Lage, einzelne Rufe aus dem kollektiven Chor herauszuhören. Leider sind die stimmlichen Fähigkeiten der Umberfische in Kombination mit ihrer geselligen Natur für sie nicht nur ein Segen, sondern zugleich auch ein Fluch. Ein einziges Panga-Fischerboot, das den lauten Rufen folgt, kann innerhalb von Minuten bis zu zwei Tonnen Fisch fangen, und die örtliche Flotte von 500 Booten kann in weniger als drei Wochen zwei Millionen Fische erbeuten. Da verwundert es kaum, dass der Umberfisch als »bedroht« gelistet ist.

23. Von Stimmen, innen und außen

Die Pyramide von Merkinė, Litauen

Als der siebenjährige Povilas Zekas am 19. August 1990 zusammen mit seiner Großmutter die Kirche besuchte, sprach eine Stimme zu ihm. Sie war körperlos, wohlklingend und stellte sich als sein Schutzengel vor. Von diesem Tag an würde Zekas sie noch oft zu hören bekommen. // Zehn Prozent der Menschen berichten, von unbekannten Wesen kontaktiert worden zu sein. Für ein Drittel von ihnen ist das ein beängstigendes Phänomen – seltsame Äußerungen und Gekreische, ungelöste traumatische Erlebnisse, die aus dem Inneren aufsteigen. »Schreie von Tigern und Hyänen« – der Komponist Robert Schumann verbrachte seine letzten beiden Lebensjahre in einer Irrenanstalt. Die anderen zwei Drittel der Betroffenen empfindet die Stimmen als tröstend. // Bereits in der Bibel wird diese Erfahrung erwähnt: *Kol demamah dakah* heißt es im Althebräischen – »der Klang einer dünnen Stille«: Nachdem er Wind, Erdbeben und Feuer erduldet hat, hört der Prophet Elia eine Stimme und es bleiben keine Zweifel in seinem Herzen. Er hüllt sein Gesicht in einen Mantel, verlässt seine Höhle und stellt sich unter den weiten Himmel, um ihr zu lauschen. // Elia war weder der Erste noch der Letzte, dem dies widerfuhr. Martin Luther King schlief auf seinem Küchentisch ein und erwachte zu

Worten, die ihm seine Angst für immer nahmen. Philip K. Dick fand die Botschaften, die er von seinem »Niemandskörper« erhielt, sparsam – klare Anweisungen, formuliert in der geringstmöglichen Anzahl von Worten. Sokrates wurde aufgefordert, sich aus der Politik herauszuhalten, Gandhi und Jeanne d'Arc unterstützte die Stimme Gottes bei der Gestaltung einer neuen Welt. // Povilas Zekas wiederum offenbarte sich nach seiner ersten akustischen Begegnung ein Engel am Abendhimmel. Ein Lichtstrahl, golden und warm, berührte die Wiesen darunter. Eine kühle Brise wehte vom nahen Wald heran, die Sumpffrösche quakten. Zekas stand mit seiner Großmutter auf der Veranda ihres Hauses und gemeinsam verfolgten sie den Anblick mit ehrfürchtigem Staunen. Genau dort würde Zekas mit 19 Jahren eine Pyramide bauen. Aus Aluminium, nicht aus Stahl, da war die Stimme eindeutig. Später sollte eine geodätische Kuppel die Pyramide überdachen. Zekas, damals 26, empfing auch diese Botschaft und hielt sich wieder daran. Nie zweifelte er an der Stimme, deren Quelle einem Ort entsprang, der weder innerhalb noch außerhalb seines Körpers lag. //
Viele Forscher bestreiten, dass der Mensch Stimmen hören kann. Eine gängige, wenngleich umstrittene Theorie besagt, dass sich das Ganze nur innerhalb unseres Hirns abspielt – die eine Gehirnhälfte spricht, während die andere zuhört. Die *Ilias* ist demnach eine Erzählung, die von diesem Machtspiel zwischen den beiden Hirnlappen vorangetrieben wird. Antike Helden hörten Botschaften und handelten nach ihnen. Die Zwiesprache zwischen dem Ich und den Göttern gehört der Theorie nach allerdings der Vergangenheit an. Wir Heutigen haben uns weiterentwickelt. //

Zekas' Pyramide steht inmitten eines Nationalparks. Der nächstgelegene Weiler zählt fünf registrierte Einwohner. Im Sommer sind die Geräusche der Natur ein Loblied auf das Leben: das Zwitschern, Trillern, Lispeln, Summen und Zirpen, der rauschende Wind in den Bäumen. Im Inneren der Kuppel herrscht Stille. Jeder angeschlagene Ton, jedes Anheben der Stimme, jedes sanfte Zupfen einer Harfensaite, jeder geblasene Hauch in das Mundstück einer Flöte – alles hallt von den dreieckigen Glasdeckenmustern wider und wird unmittelbar in melodische Echos verwandelt, himmlische Harmonien auf Erden. Menschen reisen von nah und fern an, um ihnen zu lauschen. Zekas muss also bei den Bauplänen, die er von seinem Schutzengel heruntergeladen hat, einiges richtig gemacht haben. // Heute verbringt Zekas seine Tage damit, Besucher in die Kuppel zu führen. Mehr als 50 000 Touristen kommen jedes Jahr in diesen südlichen Teil des alten neuen Landes. Zekas erzählt mit freundlichem Gesicht seine Geschichte und beginnt dann mit noch freundlicherem Gesicht zu singen. Er hebt seine Stimme, sendet Schallwellen in den Raum unter der Kuppelstruktur und löst dadurch einen musikalischen Sommerregen aus. Dem Klang im Dom wird die Kraft zugeschrieben, Krankheiten zu heilen, Menschen im Rollstuhl zum Aufstehen und Gehen zu befähigen und Ungläubigen die Gegenwart Gottes zu offenbaren. Vielleicht hören Besucher hier das erste Mal die Stimme ihres eigenen Schutzengels.//

Wenn nicht, gibt es auch andere Wege: Jeder Mensch habe die Fähigkeit, »das, was der Verstand sich vorstellt, als realer zu behandeln als die Welt, die man kennt«, schreibt die anthropologische Psychologin Tanya M. Luhrmann von der Stanford University in ihrem Buch *When God Talks Back*. Eine innere Stimme zu hören, sei eine Sache der Wahrnehmungsschulung, nicht unähnlich dem Körperbewusstsein eines Tennisspielers, dem vollkommenen Gaumenschmeckens eines Meistersommeliers oder der Feinjustierung des Auges eines Sonogrammtechnikers, der in der Lage ist, fünfzig Grautöne in einer einzigen organisch zitternden Momentaufnahme zu unterscheiden.

24. Den Spuren lauschen

Embankment Station, London, England / U-Bahn-Durchsagen, Berlin, Deutschland / Zugdurchsagen, Wales / Windtelefon, Otsuchi, Japan

Die Embankment Station in London ist vielschichtig. Das Rumpeln, das man oben auf der Straße wahrnimmt, stammt von den unterirdisch verlaufenden Bahnlinien und den noch tiefer gelegenen U-Bahn-Linien. Von Zeit zu Zeit steigt Margaret McCollum in die Tunnel hinab, sucht sich eine Bank auf dem Bahnsteig der nordwärts fahrenden Northern Line und wartet, bis sich mit einem Windstoß der nächste Zug nähert. Wenn die Ansage »Mind the Gap« erklingt, erhellt sich ihr Gesicht. // Touristen haben sich schon immer an der sehr britischen Wiedergabe der Warnmeldung »Achten Sie auf den Spalt« erfreut, in der Embankment Station ertönt sie jedoch in besonders schönem Queens English, als wäre sie den Gemäuern von *Downton Abbey* entsprungen: »Mind« – kurze Pause – »the Gap« – mit einer weiteren höflichen Pause am Ende. Das Timbre der Stimme enthält ein leichtes Zittern und erinnert an eine Zeit, in der es noch als technologische Errungenschaft galt, Fahrgäste mit eng gestrickten Zeitplänen in unsichtbaren U-Bahn-Netzen zu befördern. // Es war Oswald Laurence, ausgebildet an der Royal Academy of Dramatic Art, der vor einem halben Jahrhundert diese Ansage einsprach und einst auf der gesamten Northern Line zu hören war. Margaret McCollum ist seine Witwe.

Als Laurence' Stimme durch eine modernere Aufnahme ersetzt wurde, bat sie höflich darum, ihren verstorbenen Ehemann wieder einzuspielen, und die U-Bahn-Verwaltung kam ihrer Bitte nach. Doch nur in der Embankment Station ist diese besondere Färbung des Lausch-Klassikers zu hören. // Wenn sie sich nicht für die immer häufiger werdenden computergenerierten Sprachansagen entscheiden, suchen einige Städte nach einer gewissen Nuance in der Wahl der verkündenden Stimmfarbe. In der Berliner U-Bahn war es lange Zeit die Synchronsprecherin Ingrid Metz-Neun, die die Haltestellen ankündigte. Sie hat als deutsche Stimme von Marilyn Monroe und durch eine verführerische 80er-Jahre-Schokoladenpralinen-Werbung einen gewissen Bekanntheitsgrad erlangt. Ein gehauchtes »Kottbusser Tor« oder »Nächster Halt Grunewald« jagte so manchem Pendler einen Schauer über den Rücken und sorgte für ein wohliges Kribbeln vor dem Betreten der schnoddrigen Berliner Außenwelt. Ab Dezember 2020 wird ihre Stimme durch die von Philippa Jarke ersetzt, in der eine Transgender-Nuancierung für die diversen Orte der Stadt mitschwingt. // Man könnte hier leicht abschweifen, der Begeisterung für Zugdurchsagen folgen und zum Beispiel auf Wales verweisen, wo man 2 Minuten und 45 Sekunden braucht, um sowohl auf Englisch als auch auf Walisisch zu sagen: »Der Zug, der jetzt auf Gleis 1 ankommt, ist der 15.57 nach Crewe mit Halt in Swansea, Gowerton, Llanelli, Bynea, Llangadog, Llanwrada, Llandovery, Cynghordy, Sugar Loaf, Llanwrtyd, Llangammarch, Garth, Calmer, Builth Road, Llandrindod, Pen-y-bont, Dolau, Llanbister Road, Llangynlleo, Knucklas, Knighton, Bucknell, Hopton Heath, Broome, Craven Arms, Church Stretton, Shrewsbury, Wern, Prees, Wrenbury und Nantwich, bevor sie in Crewe ankommen.« Es wird berichtet, dass so mancher ortsunkundige Bahnfahrer seinen Anschluss verpasst. Aber das ist nicht der Rahmen dieser Klang-Exkursion, daher werden all jene, die mehr über dieses Thema erfahren möchten, gebeten, von diesem Gedankenzug abzuspringen und ihren Weg in den wilden Gefilden des Internets zu finden.

Der »Berg des Sawari« ist eine gewölbte Platte am Hals der traditionellen japanischen Biwa-Laute. Das Anschlagen, das sie beim Zupfen einer Saite erzeugt, ist ein beabsichtigter Effekt: Die leichte Vibration dient als subtile Erinnerung oder Spur. Indem der Klang nicht perfekt wiedergegeben wird, erlaubt das gespielte Stück ein tiefes Hineinhören in seine Entstehung, in das Geflecht seiner Machart. So wird die musikalische Erfahrung zu einer Erkundung. *Sawari* kann beides bedeuten: berühren und behindern. Eine beabsichtigte Unannehmlichkeit, die zu einer reicheren Empfindung führt. // Was hören wir in einer Stimme? Was verrät uns ein gewisses Zittern der Sprecherin über die Erlebnisse, die sie in ihrem Leben gesammelt hat? Wir erwarten von Sängern, dass sie uns durch den Text eines Liedes führen und gleichzeitig die Worte mit Spuren gelebter Gefühle füllen. Ein Beben in der Stimme kann Pforten zu tieferen Schichten einer Seele öffnen. // Manchmal ist alles, was von einer Stimme übrig bleibt, eine hinterlassene Fährte auf einer Aufnahme oder in der Natur selbst. »Ich finde es oft sehr bewegend, wenn man in Irland auf eine kleine Ansammlung verfallener Häuser stößt, die vielleicht während der Hungersnot im 19. Jahrhundert verlassen wurden, und dort den Staren lauscht, weil sie über Generationen hinweg gelernt haben, die Geräusche zu verinnerlichen, die es dort gibt. Man spürt es, wenn sie Töne imitieren, die von Menschen gemacht wurden, die schon lange nicht mehr in diesen Behausungen leben. Es ist, als ob die Geister derer, die einst dort wohnten, in den Staren noch immer lebendig sind.«, erzählt die irische Schriftstellerin Doireann Ní Ghríofa über die Imitationslust von Staren, die Umweltgeräusche in ihren Gesang aufnehmen. Sie machen dabei keinen Unterschied zwischen landwirtschaftlichen Maschinen, Pfiffen oder Menschen. // Manchmal ist es das Echo des Nichts, das uns aufmerksam auf die Stimme lauschen lässt, nach der wir uns sehnen, und vielleicht wird uns durch diese Gegenwärtigkeit etwas anderes bewusst, mit dem wir sie verbinden. Die Schriftstellerin Maggie Jones erzählt in der *New York Times*, wie sie nach dem Tod ihrer Mutter monatelang immer wieder bei ihr anrief. Zunächst dachte sie, es ginge ihr nur darum, die »Bitte hinterlassen Sie eine Nachricht«-Aufnahme auf dem Anrufbeantworter zu hören, die niemand gelöscht hatte. Aber dann begann Jones, der Stimme ihrer Mutter Geschichten zu erzählen, Dinge, Ereignisse, nach einem langen Tag, nach einem Streit, so wie sie es getan hatte, als ihre Mutter noch lebte. Es machte ihr nichts aus, dass niemand etwas erwiderte, denn der Akt des Sprechens löste in ihr eine tiefere emotionale Reaktion aus. »Schließlich erkannte ich, dass es ein Muster in meinen Botschaften gab: Sie spiegelten oft wider, wie ich dachte, dass meine Mutter mir antworten würde oder welchen Rat sie mir geben würde.« Jones hatte gelernt, die Ratschläge ihrer Mutter zu verinnerlichen, so wie sie sie ihr ganzes Leben lang erhalten hatte. // Von den 20 000 Menschen, die 2011 während des Tsunamis von der Erdoberfläche verschwanden, sind keine Spuren geblieben, ihre Häuser und Alltagsroutinen wurden von den Fluten weggeschwemmt. Für Liebhaber, Freunde und Verwandte gab es keine Möglichkeit, sich zu verabschieden. Wo es keine sichtbaren Spuren mehr gibt, kann es helfen, einen Platzhalter zu schaffen. Das *kaze no denwa*, das Windtelefon, wurde ein Jahr vor der Katastrophe von dem Landschaftsarchitekten Itaru Sasaki errichtet. Eine weiße Telefonzelle in einem malerischen, windigen Garten zum Gedenken an einen verstorbenen geliebten Menschen. »Weil meine Gedanken nicht über eine normale Telefonleitung übermittelt werden konnten, wollte ich, dass der Wind sie dorthin weht.« Das *kaze no denwa* wurde seither von 30 000 Hinterbliebenen besucht, die sich nach einer Verbindung sehnen. Das Telefon bleibt stumm, während sie ihre Nachrichten dem Hörer überlassen. Der Wind wird sie dorthin tragen, wo sie hingehören.

25. Das Unerklärliche erklären: Das Taos-Brummen

Taos, New Mexico, USA

Düfte von Wacholder und Beifuß. Scherben und Splitter von Felsen und Steinen, die die Hitze des Tages speichern und sie bis weit in die Nacht hinein abstrahlen. In der Dämmerung vermischt sich eine kühle Brise mit der würzig-warmen Luft und kitzelt die feinen Nadeln der nahen Fichten. Die Sterne treten hervor und erstrecken sich über den Himmel bis ins geheimnisvolle Jenseits. Ein letzter Schauer über der Landschaft. Eine Decke aus Stille. Dann setzt das Brummen ein. // »Es hört sich an, wie wenn eine DVD im Player ist und sich dreht, aber der Fernseher nicht an ist«, »Es klingt wie das tiefe Brummen eines entfernten Dieselgenerators mit Intensitätsschwankungen«, »Ein niederfrequentes Geräusch, das ich nicht lokalisieren kann. Wenn es anfängt, hört es nur auf, wenn ich meinen Körper bewege oder meinen Kopf drehe. Ich nehme es meist wahr, wenn ich wach im Bett liege, und es hält für einige Stunden an. Manchmal mehrere Nächte, manchmal monatelang nicht zu hören«. So die Kommentare auf der World Hum Map, die den Klang des Brummtons beschreiben – ein akustisches Phänomen, das 1991 in Taos, New Mexico, begann. Es ist nachts lauter und beginnt normalerweise zwischen 22 und 22.30 Uhr. Etwa zwei Prozent der örtlichen Bevölkerung hören es – und es macht sie fast verrückt. // Ein Blick in die Chroniken von Taos deutet darauf hin, dass das Brummen eventuell sogar schon länger existiert: Der 1801 in der Lombardei geborene Juan Maria de Agostini verließ als junger Mann seine italienische Heimat, um im amerikanischen Westen Einsiedler zu werden. Auf seinem Weg nach Süden schließt er sich einer Karawane an und geht den ganzen Weg bis nach Taos zu Fuß, obwohl ihm ein Platz in einem der Wagen angeboten wird. Am Sangre de Cristo hält er an und bleibt. Der Berg ist nach dem Licht der Abendsonne benannt, das auf seinen Hängen reflektiert. Eine seiner vielen Höhlen wird zu Agostinis neuem Zuhause. Tagsüber lauscht er den Wasserfällen, die in Kaskaden den Berg hinunterstürzen, eine musikalische Partitur aus sieben verschiedenen Tönen, verstärkt durch den Nachhall aus den Höhlen und Öffnungen hinter den strömenden Wassern. Nachts stimmt er sich auf die beruhigenden Klänge des Windes ein. Er erlangt heilende Kräfte. Wenn die Menschen vom Stamm des Tiwa-Volkes ihn besuchen, um ihre Babys von ihm heilen zu lassen, erzählen sie ihm von einem brummenden Berglied. Die Natur berät sich mit den Ihrigen und stellt die Harmonie wieder her, sagen sie. // Was heute »The Taos Hum« genannt wird, ist ein Phänomen des sonoren Infraschallbereichs. Seine Wellenlänge liegt zwischen 17 und 342 Metern und kann sich über große Entfernungen ausbreiten, ohne von Hindernissen reflektiert oder absorbiert zu werden. Es kann sowohl menschlichen als auch natürlichen Ursprungs sein. Die wahre Quelle eines Geräusches mit solchen Eigenschaften ist schwer zu lokalisieren, dementsprechend blühen die Verschwörungstheorien: Außerirdische wurden in Betracht gezogen, aber auch Überschallwaffen und elektromagnetische Schwingungen. Untersuchungen des nahe gelegenen Los Alamos National Laboratory, der University of New Mexico, des Philips Laboratory der Air Force und der Sandia National Laboratories konnten bisher keine schlüssige Erklärung finden. // Neben dem Taos-Brummen gibt es auch das Largs-Brummen in Schottland (Gerüchten zufolge durch U-Boote verursacht), das Kokomo-Brummen in Indiana (erzeugt durch eine Fabrik) und sogar ein Brummen in Süddeutschland (die Bundesregierung hat es 2002 untersucht und keine Antworten gefunden). Da das Geräusch nicht aufgezeichnet werden kann, führt eine der Erklärungen seinen Ursprung auf Mikrowellenschall zurück: Wenn die thermoelastische Welle des akustischen Drucks direkt von den weichen Geweben im Kopf absorbiert wird, leiten diese ein Signal an die normale Knochenübertragung im Ohr weiter. Dieses Summen, Ticken, Zischen kann dann von niemandem außer dem Medium selbst gehört werden. Ist es dasselbe Brummen, das bereits Agostini vernahm? // »Oberflächlich betrachtet, ist die Welt klein und bekannt geworden. Armer kleiner Erdball, die Touristen traben um dich herum wie um den Bois oder den Central Park. Es gibt kein Geheimnis mehr, wir waren dort, wir haben es gesehen, wir wissen alles darüber«, schrieb D. H. Lawrence, der Taos zu seinem Zuhause machte, bevor er starb. Das Taos-Brummen jedoch bleibt schwer fassbar. Ob es der Berg ist, der singt, oder die moderne Gesellschaft, die ihre Maschinen, Erfindungen und Entwicklungen nicht versteht, ist und verweilt als ein Rätsel der Gegenwart.

26. Ein Quadratzoll Stille

Orfield Laboratories, Minneapolis, Minnesota, USA / Haleakala-Krater, Maui, Hawaii, USA / Hoh Rain Forest, Olympic National Park, Washington, USA, N 48,12885°, W 123,68234°, 303 Fuß über dem Meeresspiegel

In diesem Buch voller seltsamer, bizarrer Klänge folgt nun ein Kapitel darüber, wo es sie nicht gibt. // »Um wirklich zu hören, muss man still sein« – so eine der ersten Lektionen, die dem jungen Magier Sperber zu Beginn von Ursula K. Le Guins Roman *Ein Magier von Erdsee* eingebläut wird. Sein Meister: Einer, der Ziegen hütet, die Wälder durchstreift und vor langer Zeit das große Erdbeben besänftigt hat. Sein Name: Ogion der Schweigsame, geschrieben mit der Rune des geschlossenen Mundes. // Sowohl in den Welten der Fantasie als auch in der Realität ist es einfacher, auf die Sprechenden zu achten als auf die Zuhörer, einfacher, etwas zu erledigen, als es zu verinnerlichen. In der Erzählung verlässt Sperber seinen Herrn, um dem unwiderstehlichen Ruf des Abenteuers zu folgen. In unserem modernen Leben eilen wir von einer Sache zur anderen, um unsere Tage mit Licht, Klang und Bewegung zu füllen. Wie oft nehmen wir uns schon die Zeit, in Schweigen zu versinken? Was passiert, wenn eine Zeit der Stille unseren Körper und unseren Geist verwandelt?

Sollten Sie einmal Zeit und Muße finden, über diese Fragen nachzudenken, buchen Sie eine Tour zu den Orfield Laboratories in Minneapolis, Minnesota. Dort befindet sich in einem unscheinbaren Betongebäude ein akustischer Resonanzraum. Diese Kammer ist mit Schaumstoffkeilen ausgekleidet, die den Schall schlucken und Echos absorbieren. Sogar der Fußboden ist mit dämpfendem Material ausgestattet, um einen »Free Field«-Zustand zu ermöglichen, in dem sich die Schallwellen ausbreiten und niemals zurückkehren. // Der Orfield-Raum kann sich heute nicht mehr damit rühmen, der leiseste Ort der Welt zu sein; sein Guinness-Weltrekord von -13 dBa im Jahr 2013 wurde von Microsofts Gebäude 87 in Redmond (Washington State) gebrochen, in dem 2015 -20,6 dBa gemessen wurden. Für das menschliche Ohr ist dieser Unterschied jedoch kaum von Bedeutung; wir können nichts unter 0 dBa hören. // Es ist ein Mythos, dass Menschen verrückt werden, wenn sie sich länger als 45 Minuten in einem Raum ohne Ton und Licht aufhalten. Es war Steven Orfields ausdrücklicher Wunsch, dass sich die Vertreter der Presse dazu bereit erklärten, eine bestimmte Zeit in seiner Kammer zuzubringen, um beschreiben zu können, wie sich absolute Stille anfühlt. Zu den Erfahrungen kann die verstärkte Wahrnehmung vorhandener Geräusche beitragen, etwa das Rascheln von Kleidung oder das Knacken von Gelenken, aber auch die eigene Stimme klingt nicht mehr vertraut. Die körpereigenen Pulse und Abläufe können in den Vordergrund treten. Empfindungen von Schwerelosigkeit und Orientierungslosigkeit begleiten mitunter diesen extremen Sinnesentzug. Manche empfinden das als Tortur, als klaustrophobisch, erdrückend und angstauslösend, während andere es als beruhigend, entspannend und erholsam beschreiben. Die Abwesenheit von Geräuschen kann eine ganz eigene Präsenz hervorbringen.

Einige Menschen suchen sogar aktiv nach der absoluten Stille in der Natur. Der bekennende Klangsucher Gordon Hempton beispielsweise hat sein Mekka der negativen Dezibel im Haleakala-Krater auf Maui gefunden. Das Chaos der Außenwelt kann das Innere des schlafenden Vulkans, der mehr als 3000 Meter über dem Meeresspiegel thront, nicht erreichen. Hier gibt es nur Wind und Himmel, Quarzsand und Sterne. // Diejenigen, die auf der Suche nach Schönheit, Einkehr oder Ehrfurcht in den Krater gewandert sind, schreiben der Umgebung eine jenseitige Dimension zu. Der mit dem Pulitzerpreis ausgezeichnete Dichter W. S. Merwin unterscheidet dabei zwischen der Lautlosigkeit des Haleakala und seiner Stille. Lautlosigkeit muss von einem Zuhörer wahrgenommen werden. Die Stille wohnt dem Ort inne. Sie »ist in jedem Molekül, und sie ist da, wenn wir in den Nachthimmel schauen, und reicht viel weiter, als wir sehen können«. Auf diese Weise sprach Merwin das bekannte Koan an und wich ihm zugleich aus – wenn ein Baum im Wald fällt und niemand da ist, um es zu hören, ist das verbleibende Element die Stille, auch wenn Baum und Geräusch und Zuhörer nie da waren oder schon lange nicht mehr existieren.

In einem solchen Wald, dem Olympic National Park, liegt ein kleiner roter Stein. Dieser »One Square Inch of Silence« im Hoh Rain Forest ist ein weiteres Projekt von Hempton, das 2005 am Tag der Erde als Schutzzone gegen die Gefahren der vom Menschen verursachten Lärmverschmutzung eingerichtet wurde. // Die Weltgesundheitsorganisation schätzt, dass Lärm allein in Westeuropa für den Verlust von über einer Million gesunder Lebensjahre verantwortlich ist. Schlafstörungen durch Straßenverkehr. Kognitive Schäden bei Kindern. Vermehrter Bluthochdruck und Herzkrankheiten. Hemptons Beweggründe für die Erschaffung dieses Quadratzolls Stille: Einen Ort zu etablieren, von dem aus sich die Wertschätzung der Stille ausbreiten und als Gegenmittel gegen den ausufernden Lärm unseres hektischen modernen Lebens dienen kann. »Ein Punkt ist leicht zu verstehen und zu verteidigen. Ist er einmal definiert, kann man von dort aus den ganzen Bereich, für den er steht, schützen.« // Es ist dort nicht wirklich still. Hempton differenziert zwischen natürlicher und menschlicher Geräuschkulisse, zwischen Regentropfen, die von Sitka-Fichten abperlen, und Düsenjets, die auf der nahen Naval Air Station Whidbey Island starten, doch das moosbewachsene Unterholz und das immergrüne Blätterdach unterscheiden nicht, welche Geräusche sie aufnehmen. Der Urwald selbst dient als echofreier Raum, der jedoch niemals statisch ist, sondern voller Wachstum und Verfall, der atmet, entsteht und vergeht, sich ständig verändert. Er ist lebendig und sterbend zugleich. // Im Herzen des Waldes lebt der Nordische Fleckenkauz, ein vom Aussterben bedrohter Vogel, der auf eine bedrohte Stille angewiesen ist. Die kammartigen Strukturen seiner Flügelfedern machen ihn zu einem geräuschlosen Flieger; er wählt selbst, wann und wo er gehört werden will. Sein Warnruf: Eine Reihe von vierstimmigen Pfiffen. Ein tiefer, reiner Ton. Ein Laut, der in stillen Nächten weit tragen kann. »Das Wort muss in der Stille gehört werden« – einer der letzten Gedanken, die der alte Magier Sperber gegen Ende von Ursula K. Le Guins Roman *Das fernste Ufer* einem jungen König mit auf den Weg gibt. »Es muss dunkel sein, damit man die Sterne sehen kann«, schrieb die Autorin aus dem Pazifischen Nordwesten, inspiriert von den nahe gelegenen Wäldern.

27. Flüsterwellen, Melodiestraßen und Rolltreppen-Jazz: Von der Kunst und der Wissenschaft der zufälligen Akustik

Grand Central Station, New York City, New York, USA / St. Paul's Cathedral, London, England / Das Theater von Epidaurus, Griechenland / Der Kukulcán-Tempel, Mexiko / Nijo-Burg, Kyoto, Japan / Anyayn, Gyeonggi, Südkorea / Lancaster, Kalifornien, USA / Metro Station Network, Washington D.C., USA

Nur ein Bruchteil der 750 000 Menschen, die täglich das Grand Central Terminal passieren, bleibt vor der Oyster Bar in der unteren Bahnhofshalle stehen und blickt auf einen der vier Eckpunkte der Kuppelkreuzung. Jene aber, die es tun, bewundern vermutlich nicht nur das Fischgräten-Kachelwerk des berühmten spanischen Bauingenieurs Rafael Guastavino, sondern fühlen sich angestiftet zu einem Klangexperiment mit einer Mitstreiterin, die in einer anderen Ecke des Ganges steht. Denn im Flüsterbogen der Grand Central Station lässt sich inmitten der Hektik und des Lärms ein intimes Gespräch mit dem Gebäude und einem Zuhörer in zehn Metern

Entfernung führen. Man braucht dazu keine Konservendosen, die mit einer Schnur verbunden sind, oder Kopfhörer mit Rauschunterdrückung – die niedrigen Bögen, die dicht gesetzten Kacheln und die gewölbte Decke sorgen dafür, dass noch das leiseste Gemurmel klar und deutlich übertragen wird. // Um einen weiteren Ort mit dieser akustischen Besonderheit zu entdecken, muss man die 259 Stufen der St. Paul's Cathedral in London erklimmen. Die Geometrie der zentralen Kuppel, im 17. Jahrhundert vom Architekten Sir Christopher Wren entworfen, erwies sich als besonders günstig für die Übertragung leiser Töne, und das über die gesamte dreißig Meter lange Fläche hinweg. Die wissenschaftliche Erklärung dafür blieb bis 1878 ein Rätsel. Dann aber benannte und beschrieb der britische Mathematiker Lord Rayleigh die Flüstergalerie-Welle, nachdem er erkannt hatte, dass Schwingungen dazu neigen, sich an einer glatten, konkaven Oberfläche entlangzubewegen, um sich über große Entfernungen auszubreiten, ohne gestreut oder abgestrahlt zu werden. // Seitdem wurden viele Gebäude mit Flüstergalerie-Eigenschaften entdeckt oder gebaut. Die Echo-Wand des Himmelstempels in Peking hallt seit einem halben Jahrtausend Gebete für eine ertragreiche Ernte wider. Auf der Liebesbank in Santiago de Compostela wurden während der Franco-Jahre, als Berührungen in der Öffentlichkeit verboten waren, viele Flüstereien zwischen unverheirateten Paaren ausgetauscht. Die hölzerne Kuppel des US-Kapitols war sowohl bei Politikern als auch bei Touristen beliebt, bis eine Gasexplosion 1901 zu ihrem akustisch weniger interessanten (aber feuerfesten) Ersatz führte. Diese Orte wurden durch das Zusammentreffen von Design und Physik zu zufälligen Schauplätzen unserer geheimen Anliegen, unseres verstohlenen Austausches und unseres verliebten Getuschels.

Die akustischen Effekte von Bauwerken wurden in der Geschichte der Menschheit lange Zeit wahrgenommen und genutzt, auch wenn man sie bei der Konstruktion nicht unbedingt berücksichtigte und die Mechanik dahinter nicht vollständig verstand. So war das im 4. Jahrhundert v. Chr. errichtete Theater von Epidaurus in Griechenland für seine hervorragenden akustischen Eigenschaften zwar bekannt, aber die Architekten wussten nicht, dass die aus Kalkstein gefertigten Sitze einen ausgeklügelten Filter bildeten, der die tieffrequenten Publikumsgeräusche dämpfte und die höherfrequenten Stimmen der Darsteller bis in die hinteren Reihen reflektierte. Bis heute streiten sich Experten darüber, ob die Erbauer den Kukulcán-Tempel so entwarfen, dass das Klatschen an seinem Fuße Geräusche hervorruft, die an einen Quetzal, einen prachtvollen, heiligen Vogel der Region, erinnern. Apropos Vögel: Die Uguisubari oder Nachtigallenböden in der Nijo-Burg in Kyoto verdanken ihren Namen dem Grasmücken-ähnlichen Zwitschern, das sie von sich geben, wenn man auf ihnen herumläuft. Die Legende besagt, dass das Ächzen und Quietschen in der Edo-Zeit als Alarmsystem gegen Diebe und Mörder diente, während ein Schild vor Ort auf einen eher profanen Hintergrund hindeutet: Das Singgeräusch sei eigentlich nicht beabsichtigt gewesen, sondern rühre von der Bewegung der Nägel gegen Unebenheiten im Boden her, die durch die Abnutzung im Laufe der Jahre entstanden seien. // Bisweilen kann die Akustik auch in der Infrastruktur angelegt sein. Bei den sogenannten Melodiestraßen handelt es sich um präzise gerillte Asphaltstrecken, die bestimmte Melodien wiedergeben sollen, wenn sie mit einer entsprechenden Geschwindigkeit befahren werden. In Südkorea sind seit 2022 fünf solcher Straßen in Betrieb. Sie sind Teil einer Initiative der koreanischen Straßenbaubehörde, mit der die Zahl der durch müde oder unaufmerksame Fahrer verursachten Unfälle verringert werden soll. Eine weitere, mittlerweile stillgelegte in Anyayn, Gyeonggi, spielte bei einer Geschwindigkeit von 100 Kilometer pro Stunde eine sehr angenehme Version von *Mary Had a Little Lamb*. // Selbst beabsichtigte Konstruktionen können zu einer unbeabsichtigten Akustik führen. Ingenieure von Honda bauten in Lancaster, Kalifornien, eine ähnliche Melodiestraße als Teil eines Werbegags. Aufgrund eines Rechenfehlers bei den Rillenintervallen erwies sich ihre Wiedergabe der berühmten *Wilhelm-Tell*-Ouvertüre als völlig verstimmt und grenzte an Unerträglichkeit. Nachdem die Straße aufgrund von Lärmbeschwerden der Anwohner zugepflastert worden war, baute man sie in einem anderen Teil der Stadt wieder auf, unter Erhaltung genau derselben Verstimmung.

Vielleicht spielt es keine Rolle, ob ein Klang beabsichtigt ist oder nicht, solange er sich als angenehm erweist. Ein interessanter Klang muss nicht verstanden werden, um ihn genießen zu können; ein waches Ohr und ein empfänglicher Geist genügen. // Beides könnte auch notwendig sein, um die zufällige Musik zu schätzen, die von den veralteten Rolltreppen im U-Bahn-Netz von Washington, D. C. erzeugt wird. Der örtliche Musikkritiker Chris Richards begann, die Schönheit in den Mühen dieser Maschinen zu entdecken, während sie sich langsam ihrem Verschleiß hingeben. Für ihn gleicht die Rolltreppe am Westeingang von Petworth – »alles rattert und mahlt – dem Geschepper von 100 Vierteldollarmünzen, die von 5 Uhr morgens bis Mitternacht tingeln«, während die Aufzüge in der Benning Road »dröhnen wie eine indische Tambura, bei der beliebige Noten quietschen und plärren«. Ob die 39-sekündige Fahrt von der Farragut North Station hinauf zur Connecticut Avenue in den Ohren eines John Coltrane wie Free Jazz aus der Spätzeit klingt? Die Interpretation dieser Partitur aus Rost und Wehklagen mag unterschiedlich ausfallen.

28. Mit Schall zur Wahrnehmung: Wale und wie sie die Welt »sehen«

Das Einzugsgebiet des Ganges-Brahmaputra-Meghna-Flusses, Indien / Baffin Bay, Westgrönland / Das Ligurische Meer vor der Küste von Toulon, Frankreich

Ein alter Flussherold mit einer überraschend tiefen Stimme. Ein echtes Einhorn, das unvergleichbare Klangwellen erzeugt. Das geheime Leben der Leviathane der Tiefsee, von einem Weltraumteleskop entdeckt: Drei fantastische Wesen, die ihre jeweiligen Welten mit der Kraft des Klangs ergründen. // Neben den Fledermäusen sind die Zahnwale die zweite große Säugetiergruppe, die die Echolokation entwickelt hat. In weiten Teilen des Ganges-Brahmaputra-Meghna-Flussgebiets, wo die Sichtweite nur wenige Zentimeter beträgt, navigiert der Ganges-Delphin ausschließlich mithilfe seines Gehörs, da er keine funktionalen Linsen in den Augen besitzt. Um zu »sehen«, sendet dieses Vahana, Reittier der Flussgöttin Ganga, eine Reihe kurzer Breitbandklicks aus und löst die reflektierten Echos in Bilder seiner Umgebung auf. // Der Ruf dieses Süßwasserbewohners liegt eine Oktave tiefer als der seiner Verwandten, die auf offener See unterwegs sind. Der *Platanista gangetica*, einziges Mitglied der ältesten Zahnwalart, muss keine hohen, weitreichenden Töne produzieren – ein biegsamer Hals und eine dünne Schnauze reichen vollkommen aus, um Fische und Garnelen am schlammigen Flussgrund zu erbeuten. Forscher vermuten, dass sein Innenohr, das in seiner Form einzigartig unter allen Walen der Vergangenheit und der Gegenwart ist, dazu dient, das akustische Durcheinander seiner Umgebung zu filtern, und ihm so dabei hilft, sich zwischen Sandbänken, Mangrovenwurzeln und allem, was dazwischen liegt, zurechtzufinden. Ungesehen, und selbst ohne Sicht.

Baffin Bay, Westgrönland. Man stelle sich vor: Monate völliger Dunkelheit in den eiskalten Meeren nördlich des Polarkreises. Die verzweifelte Suche nach Nahrung. Abgeschnitten von Luft und Leben durch eine dicke Packeisschicht. Eine Welt, die dem trüben Ganges in nichts ähnelt, außer darin, dass sich das Sehen als unzureichender Sinn erweist. Willkommen in der Welt des Narwals. // Dieser mittelgroße, wurstförmige Wal sendet tausend Klicks pro Sekunde aus und empfängt die zurückkehrenden Signale über die Fettpolster seines Unterkiefers. Der Schall hilft ihm, das Wasser abzutasten, die nächstgelegene Atemöffnung im Eis ausfindig zu machen und den Aufenthaltsort seiner Mahlzeiten – vermutlich ein vorbeiziehender Heilbutt oder arktischer Kabeljau – zu orten. // Auch andere Lebewesen können echolokalisieren, aber keines von ihnen verfügt über eine so intensive Ausrichtung wie der Narwal. *Monodon monoceros* kann seine Sonarübertragungen breit streuen, um ein Gefühl für seine Umgebung zu bekommen, oder die Signale auf ein bestimmtes Ziel fokussieren – wie eine verstellbare Taschenlampe, nur dass ihr Strahl aus reinem Schall besteht. // Überraschenderweise spielt das markanteste Merkmal des Narwals, der bis zu drei Meter lange Spiralzahn des Männchens, weder bei der Navigation noch beim Überleben eine Rolle. Die Weibchen, denen im Allgemeinen keine Stoßzähne wachsen, haben eine höhere Lebenserwartung.

Ligurisches Meer. Das Neutrinoteleskop ANTARES befindet sich in einer Tiefe von 2475 Metern. Entwickelt im Jahr 2008 soll es eines der am schwersten zu fassenden Teilchen der Physik aufspüren, doch hat es sich nicht nur beim Lauschen in den Kosmos bewährt, sondern auch bei der Beobachtung der Tiefen des Ozeans. // Zwei Jahre lang wurden kontinuierlich Schalldaten gesammelt, die die ganzjährige Anwesenheit von Pottwalen in der Region aufzeigten, wahrscheinlich angelockt vom Reichtum an Kopffüßern. Die Echtzeit-Übertragung der Daten ermöglichte die stündliche Erfassung ihres ausgeprägten Ruf-Repertoires: Die üblichen Klicklaute für die Nahrungssuche in der Tiefe – richtungsweisend, durchdringend, ohrenbetäubend. Mit 236 Dezibel ist dieser größte der Zahnwale das lauteste Tier der Welt. // Dann gibt es da noch das »Knarzen«, eine Reihe von hochfrequenten Klicks, die sich zu dem Geräusch eines verrosteten Türscharniers zusammenfügen. Dieser Ton wird eingesetzt, wenn der Wal seine Beute anvisiert, hier im Ligurischen Meer fast ausschließlich meterlange Schirmkalmare (*Histioteuthis bonnellii*). // Der Hunger der Pottwale ist immens – jeder erwachsene *Physeter macrocephalus* in einem Familienverband kann täglich bis zu einer Tonne Nahrung verschlingen. Von der Not getrieben, stoßen sie mit ihrem massiven, klobigen Kopf und ihrem pflaumenhäutigen Körper immer wieder nach unten und dringen so in ein Reich ein, das fast allen Bewohnern des Meeres feindlich gesinnt ist. In dieser kalten, erdrückenden Dunkelheit sind sie auf sich allein gestellt, und der Klang dient ihnen als Leitstern für Nahrung und Schutz. Wenn sie an die Oberfläche zurückkehren, zurück in die Wärme des Sonnenlichts und das Plätschern der Wellen, werden die Töne für einen anderen Zweck verwendet – als Codas jenseits unseres Verständnisses, um miteinander zu kommunizieren und als Familie zusammenzuleben.

29. Geophonie, Biophonie, Anthrophonie: Drei Klangarten unter den sieben Meeren

Challenger Deep Meeresboden, südwestlich von Guam / Bucht von Sainte-Anne du Portzic, Frankreich / Leigh Marine Reserve, Neuseeland / Sable Island, Kanada / Die Ostsee

Klang trägt. So sagt man, und es stimmt wohl auch, wenn die Stimme einer Sopranistin ein Opernhaus erfüllt oder das Grollen eines Donners durch ein Tal hallt. Aber in der Praxis ist Luft ein schlechtes Medium für Schall, der sich in dichteren Materialien wie Eisen (15-mal schneller) oder Diamant (35-mal schneller) rascher und weiter ausbreitet. Wir leben zwar nicht auf einem Diamantplaneten wie 55 Cancri e im Sternbild Krebs, aber wir bewohnen einen Planeten, der größtenteils mit Wasser bedeckt ist, einem ausgezeichneten Leiter und flüssigen Träger für eine Vielzahl von akustischen Phänomenen, die wir kaum zu begreifen vermögen. // Wir wissen mehr über die Oberfläche des Mars als über die Ozeane der Erde. So sagt man, und das scheint sich beharrlich zu bewahrheiten; nur ein Fünftel des weltweiten Meeresbodens ist mit modernen Sonargeräten kartiert worden. Für viele wurden die Geheimnisse unter den Wellen erst durch die Filme des französischen Entdeckers Jacques Cousteau farbig und lebendig. Doch anders als der Titel seines bahnbrechenden Dokumentarfilms *Die schweigende Welt* vermuten lässt, sind die von ihm geliebten Ozeane in Wirklichkeit voller Geräusche, von denen wir gerade erst lernen, uns auf sie einzustellen. // 2015. Über dem Challenger Deep südwestlich von Guam lassen die National Oceanic and Atmospheric Administration, die Oregon State University und die US-Küstenwache ein Hydrophon aus Titan in elf Kilometer Tiefe hinab, um den Marianengraben abzuhören. In dieser Tiefe lastet auf jedem Quadratzentimeter Oberfläche eine Tonne Wasser. Der Vorgang dauert sechs Stunden, um sicherzustellen, dass das Keramikgehäuse des Messinstruments unter dem Druck nicht zerbricht. Zur Überraschung der Forscher nimmt das Hydrophon während der dreiwöchigen Aufzeichnung einen konstanten Strom von Geräuschen auf. Das Chaos eines Taifuns der Kategorie 4, der an der Oberfläche wütet. Erschütterungen eines Erdbebens der Stärke 5, das von einer nahe gelegenen Ozeankruste ausgeht. Und noch viele andere seltsame Signale, zu denen auch etwas gehört, das als »Western Pacific Biotwang« bekannt wird. Das Geräusch zeichnet sich durch »eine komplexe Struktur, einen Frequenzsprung sowie einen metallischen Abschluss« aus und wurde wahrscheinlich von einer Population von Zwergwalen ausgelöst. // »Man sollte meinen, dass der tiefste Punkt des Ozeans einer der stillsten Orte der Erde ist«, so Robert Dziak, Ozeanograf und leitender Projektwissenschaftler. Es zeigt sich jedoch, dass das Licht diese Region, die als Hadal-Zone bezeichnet wird, zwar längst aufgegeben hat, dass aber der Schall keine Probleme damit hat, diese feindliche und unzugängliche Umgebung zu erreichen und zu durchdringen.

Erst durch den Einsatz von Unterwasser-Hydrophonen haben wir erfahren, dass die Meere von Musik erfüllt sind – nur eben nicht mit Melodien, die für unsere Ohren an Land bestimmt sind, und auch nicht mit Sängerinnen oder Instrumenten, wie wir sie erwarten. In der Bucht von Sainte-Anne du Portzic, Frankreich, reiben Langusten so etwas wie Antennennoppen an einer Art Feile unter ihrem Auge – ganz so, als ziehe man einen Bogen über die Saiten einer Geige. Auf diese Weise erzeugen sie ein abwehrendes Quietschen, das bis zu drei Kilometer weit zu hören ist. Im neuseeländischen Leigh Marine Reserve stimmen grasende Kina-Seeigel, während sie Seetang von felsigen Riffen kratzen, einen abendlichen Chor an, der dadurch verstärkt wird, dass ihre Schalen als miniaturisierte Helmholtz-Resonatoren dienen – ganz so, als blase man Luft über die Öffnung einer Flasche. Als Ursache für ein allgegenwärtiges Störgeräusch, das an brutzelnden Speck erinnert, wurden auf den Bahamas und in tropischen Gewässern auf der ganzen Welt Schnappergarnelen ausgemacht. Sie ziehen ihre Scheren so schnell zusammen, dass sich implodierende Gasblasen bilden. Der Lärm, der von großen Gruppen dieser fünf Zentimeter langen Tiere erzeugt wird, ist so laut, dass er im Zweiten Weltkrieg die Ortung feindlicher U-Boote beeinträchtigte. // Das Forschungsgebiet der Ökologie von Klanglandschaften steckt noch in den Kinderschuhen, und diese Kreaturen sind nur einige der unzähligen Akteure in dieser aquatischen Symphonie. Wir wissen heute, dass die Ozeane keineswegs stille Orte sind. Krebse schnappen, knistern und knallen, Fische trommeln, grunzen und quaken, Säugetiere klicken, zwitschern und heulen und bilden so dynamische Kompositionen, die wiederum von unzähligen Lebewesen in der Tiefe nicht nur gehört, sondern auch gefühlt und erlebt werden.

Heute droht der Mensch, die Meere mit Klängen zu füllen und sie gleichzeitig zu vernichten. Auf dem Grund des Marianengrabens ist das dröhnende Getöse der Schiffsschrauben zu hören, wenn wolkenkratzergroße Containerschiffe über Guam nach China und auf die Philippinen fahren. Vor Sable Island in der Nähe von Nova Scotia, Kanada, suchen Schiffe nach Öl und Gas und schießen dafür mit seismischen Airguns monatelang mit einer Lautstärke von bis zu 260 Dezibel in die Tiefe. // Geräusche, die sich in einem flüssigen Medium ausbreiten, werden nicht nur gehört, sondern können auch gefühlt und körperlich wahrgenommen werden; für viele als Schock, als Hörverlust, oder als Kakophonie, aus der es kein Entrinnen gibt. // In der Ostsee treiben die Erwärmung des Wassers durch den Klimawandel und die Nährstoffabflüsse aus Fischfarmen das unkontrollierte Wachstum von Filamentalgen voran. Die dicken Stränge bedecken Seegraswiesen auf sandigem Grund und ersticken Blasentangwälder an felsigen Ufern. Wenn die Algen verrotten und zerfallen, entziehen sie ihrer aquatischen Umgebung Sauerstoff, Leben und sogar Geräusche. Die dabei entstehenden toten Zonen sind dumpf und ruhig. Das Hydrophon nimmt nichts mehr auf.

30. So sollte es eigentlich nicht klingen! Bizarre Vogelstimmen auf allen sieben Kontinenten

Was wäre ein Buch über die Klänge der Welt ohne die Vogelstimmen? Allerdings wäre es zu einfach, sich schlicht mit den nächtlichen Gesängen der Amseln oder den zauberhaften Melodien der Wiesenlerchen zu befassen. Dies ist ein Atlas der ungewöhnlichen Klänge, keine Abhandlung über deren Schönheit. // Wer die Kontinente unserer Welt bereist, wird auf jedem von ihnen Vögeln begegnen, die mit den bizarrsten Rufen locken. Auf der einsamen, windgepeitschten Spitze der antarktischen Halbinsel rufen sich Eselspinguine untereinander etwas zu, was Wissenschaftler zwar als »ekstatische Darbietung« bezeichnen, was aber nur mit dem Hupkonzert eines Clowns verglichen werden kann. In den Küstenregionen Angolas und in weiten Teilen des südlichen Afrikas klingen die grauen Go-Away-Vögel weniger vogelartig als vielmehr bockig, sie erfüllen den Himmel über den Akaziensavannen mit dem nasalen Wimmern ungezogener Kinder. // Die Eigentümlichkeit der folgenden Gesänge mag daher rühren, dass der Ruf nicht zum Rufenden passt. So sollte der Seetaucher, der auf der Rückseite des kanadischen Dollars verhalten dreinschaut, eigentlich keinen markerschütternden Schrei und kein verrücktes Gelächter von sich geben. Das Kreischen des Weißkopfseeadlers ähnelt eher dem Pfeifen eines Teekessels als dem kühnen Ruf, den die Amerikaner mit ihrem Nationalvogel assoziieren – der stammt in Wahrheit von einem Rotschwanzbussard. Und wer bei einem Vollmondspaziergang durch die Wälder sanfte, laue Töne erwartet, könnte nicht nur enttäuscht, sondern auch erschreckt werden: Die Laute der Schleiereule sind heiser und gellend.

Das Hauptstimmorgan der Vögel, die Syrinx, befindet sich an der Basis der Luftröhre. Doch viele ungewöhnliche Vogelstimmen machen von dieser Besonderheit überhaupt keinen Gebrauch. Sowohl die Swinhoe-Schnepfen als auch die Zwergschnepfen wirbeln mit versteiften Schwanzfedern über russische Feuchtgebiete, was allgemein als »Trommeln« bezeichnet wird – die Geräusche, die sie dabei erzeugen, reichen von einem Miniaturjet, der abhebt, bis hin zu einem futuristischen Schwebeauto, das landet. // Weitere mechanische Geräusche mit gefiederten Ursprüngen in Südamerika, der Heimat eines Drittels aller Vogelarten: Der Keulenschwingenpipra aus Kolumbien und Ecuador erzeugt das Brummen einer elektrischen Zahnbürste, indem er seine Federn mit einer Resonanzfrequenz von genau 1498 Hz vibrieren lässt. Dem Krähenstirnvogel auf Trinidad und Tobago gelingt es, eine Signatur zu erzeugen, die an die Chiptunes eines Videospiels aus den 1980er-Jahren erinnert, in dem Außerirdische eine Invasion planen. Und dann ist da noch der weiße Glockenvogel der Guyanas, dessen Schrei dem Testsignal eines Notrufsystems ähnelt. Männliche Vögel scheinen ihre ohrenbetäubenden 125 Dezibel an potenzielle Partnerinnen zu richten, und das aus nächster Nähe. »Wenn man sie beobachtet, sieht es so aus, als ob sie (die Weibchen) das nicht gerne hören«, wie der Biologe Jeffrey Podos bemerkt. »Das ist recht unangenehm für die Beziehung.« // Es gibt aber auch Vögel, die mühelos zwischen den von uns als natürlich empfundenen und künstlich klingenden Lauten wechseln können. Der im Südosten Australiens beheimatete Leierschwanz ist ein Meister der Nachahmung, der sich gleichermaßen von den lachenden Kookaburras in seinem natürlichen Lebensraum und dem Einhämmern von Nägeln in seinem Zoogehege inspirieren lässt. »Chook«, der berühmte Leierschwanz im Zoo von Adelaide, hat im Laufe seines 32-jährigen Lebens ein breites Repertoire an perfekten Imitationen entwickelt: eine Elektrobohrmaschine beim Bau eines Panda-Geheges; das Fiepen von ausgelösten Autoalarmanlagen auf dem Parkplatz; das Knipsen und Motorensäuseln der Kameras übereifriger Vogelbeobachter. // Manche Vögel nehmen das akustische Chaos der städtischen Umgebung sogar als Herausforderung an, indem sie lauter und komplexer dagegen ansingen. Bei der florierenden Nachtigallenpopulation in Berlin wurden über 2300 verschiedene Gesangsarten registriert. Die Forscherin, Geigerin und Schülerin Charlotte Schneider beschrieb einige dieser Strophen als wiederkehrende Motive »in Form von Trillern, raspelndem Schnarren, harten Schlägen, in denen Töne und Silben fast technoartig aneinandergereiht zu sein scheinen«. // Das sind nicht dieselben wohlklingenden Motive, die englische Dichter einst zu Oden inspirierten, die lange über ihr vergängliches irdisches Leben hinaus andauern. Aber Schönheit lag schon immer im Auge – oder in diesem Fall in den Ohren – des Betrachters, und wir täten gut daran, uns daran zu erinnern, dass manche Lieder auf dieser Erde nie für uns bestimmt waren. Dass wir nur Lauschende einer viel größeren Symphonie sind.

31. Der Vibration einer Landschaft, ihrer Steine und Mineralien lauschen

Soundchapel, in der Nähe von Chengde, China

Eine karge, zeitlose Landschaft in den Bergen von Transkaukasien. Ein kleiner Junge und sein Vater werden Zeugen eines uralten Rituals der hier angesiedelten Sänger-Poeten: »Ein Mal alle zwanzig Jahre treffen wir Ashiqs uns hier, um die Wirkung unserer Kunst zu testen. Dieses Tal ist einzigartig. Nur ein Ton von besonderer Qualität bringt seine Steine zum Schwingen. Derjenige, der diesen Klang erzeugen kann, wird der Sieger sein.« Ein Barde nach dem anderen singt in das Tal hinein. Trifft einer von ihnen die mystische Frequenz, singt das Tal zurück, und der Sänger wird mit einem Lamm belohnt. // In der Eröffnungsszene von *Meetings with Remarkable Men* erinnert der Filmemacher Peter Brook an den Mystiker und Komponisten Georges Gurdjieff, dessen lebenslange Suche nach der Verbindung zwischen Materie und Klang an so einem Ort begonnen haben könnte. // Das Flüsterspiel von Wind und Regentropfen belebt ein grüneres Tal in einem anderen Teil der Welt. Chengde liegt etwa zwei Stunden nördlich von Peking. Ein opulenter, aber heute leer stehender Palast zeugt von der einstigen Sommerresidenz des damaligen Kaisers und seines Gefolges. Die Chinesische Mauer durchschneidet die Landschaft und teilt sie in zwei Hälften desselben Ortes. Schluchten, Berggipfel, Flüsse und Bäche, Grasflächen, Sträucher, die Brutstätten der Vögel. Mittendrin, wie vom Himmel gestürzt, ein von Menschenhand geschaffener Felsblock: die Soundchapel. 2021 hat OPEN, ein chinesisches Architekturbüro, diesen massiven Monolithen in das Tal gesetzt. Ein brutalistischer Über-Bau, der zugleich schwer und erhaben wirkt. Die Kapelle des Klangs besteht aus Beton, der mit mineralhaltigem Gestein aus der Region gemischt wurde, und verbindet modernste Architektur, Ästhetik und Technik mit dem einzigen Ziel, den Menschen das Lauschen in die Landschaft zu ermöglichen. Der Hauptraum, eine Art Nicht-Raum, gleicht der modernen Version eines Amphitheaters und soll »die Natur selbst erfassen, reflektieren und zum Klingen bringen«. Die Architekten strebten danach, die Soundkulisse selbst das Gebäude formen zu lassen, und statteten es mit einem offenen Dach aus, das Regentropfen, Winde und das sich ständig verändernde Licht dazu einlädt, mit seiner Hülle zu spielen. Der Bauprozess war eine Lektion in der Zusammenführung neuester technologischer Errungenschaften mit altem Handwerk: Während Computerprogramme den Luft- und Schallstrom jeder Ecke, Windung oder Nische simulierten, schnitzten Arbeiter Tausende kleine Holzplatten für die Betongussform. Mehr als 10 000 präzise gebogene Stahlträger wurden wie ein gigantisches Puzzle zusammengefügt: »Wie können wir demütig genug sein, um zu hören, was die Natur uns zuflüstert?«, fragen die Architekten in ihrer Informationsbroschüre. // In den transkaukasischen Sprachen stammt »Ashiq«, das Wort für einen Sänger oder Barden, von der arabischen Wurzel für Liebe. Möglicherweise geht das Wort sogar noch weiter zurück ins Avestische, eine zoroastrische Sprache, in der das Verb »lieben« die dynamischeren Konzepte von »wünschen«, »begehren« und »suchen« beinhaltet. Die Sänger von Transkaukasien nutzen ihre

Wettbewerbe, um sich gegenseitig daran zu erinnern, noch tiefer zu suchen. Wenn sie nicht gerade die Steine beschwören, liefern sie sich verbale Duelle und stellen sich spontane Rätsel. »Was fällt vom Himmel auf die Erde?«, fragt ein Ashiq den anderen. Und dieser lässt die Antwort aus seinem Innersten herauswachsen: »Regen fällt vom Himmel auf die Erde.« Nach einer Pause fragt er dann zurück: »Was bleibt im Wasser trocken?« Und sanft wird die Antwort gesungen: »Das Licht wird nicht nass im Wasser.« // Wie werden wir demütig genug, um zu vernehmen, was die Landschaften uns zuflüstern? Es mag ironisch sein, diese Frage neben der Chinesischen Mauer zu stellen, dem größten Bauwerk, das der Erosion der Zeit standgehalten hat, jetzt aber unter der Säure der starken Sommerregen zerbröckelt. Langsam werden die aufgetürmten Steine wieder Teil der Natur. Welches Echo werden sie in 10 000 Jahren zurückwerfen? Wer wird da sein, um den Klängen zu lauschen, die sie von sich geben?

32. Körperfelder: Die Arbeiten des Jacob Kirkegaard

Opus-Mors-Schallplatte, Kopenhagen, Dänemark / Body Farm, San Marcos, Texas, USA

Eine Nacht in Kopenhagen, März 2022. Die Straßenlaternen leuchten mit einem gelben Schimmer und senden gerade genug Lumen, um es Licht nennen zu können. Der Wind streicht kühl über das Kopfsteinpflaster und erinnert an das nahe Meer. Eine Wohnung im zweiten Stock, 400 Jahre alt, die Holzböden knarren, die Türen schließen sich nur mit einigem Widerstand. Das Atmen eines schlafenden Kindes im Zimmer nebenan dringt in die Stille des Wohnzimmers. Der Klangkünstler Jacob Kirkegaard legt eine Schallplatte auf.

Aufnahme 1 – *Opus Morturarium*: Zuerst nichts, so scheint es. Eine Leere, eine Trostlosigkeit, die sich allein im Fehlen eines Klangs offenbart. Dann ein leises, tiefes Rauschen, eine konstante Parabel in einer leeren Sphäre, im Hintergrund das Brummen einer Lüftungsanlage. Und dahinter, schwach, aber präsent, die Maschinen, die sie antreiben. Steril, sauber und funktional. »In der Leichenhalle liegen die Toten unter weißen Laken auf Rolltischen. Ich habe das Kugelkopfmikrofon in den Raum gestellt und bin gegangen, weil meine körperliche Anwesenheit die Aufnahme gestört hätte«, erklärt Kirkegaard in einem Interview mit dem *BOMB Magazine*. Während des Zuhörens schweigt Kirkegaard, aber etwas scheint aus der Mechanik der Aufnahme in die Gegenwart zu sickern. Eine absolute Einsamkeit.

Aufnahme 2 – *Opus Crematio*: Metallene Maschinen. Ein loderndes Feuer. Sengende Flammen. Eine Audiowiedergabe von Hitze, einer alles verschlingenden Glut. Ein Moment der Stille. Dann das Zerschmettern von Knochen und das Ausschütten von Asche. Schwer und heftig, hochtechnologisch ausgeklügelt. Kirkegaard hat Vibrationssensoren direkt an der Oberfläche eines Krematoriumofens angebracht. Sie übersetzen die kleinsten Erschütterungen in eindringliche Klänge. Die Effizienz, dabei keine Spuren des Lebendigen zu hinterlassen, wird deutlich. Mobile Krematorien sind heute Teil jeder Kriegsausrüstung.

Aufnahme 3 – *Opus Putesco*: Die Body Farm in Texas ist eine Forschungseinrichtung, in der Spender ihre Körper der Wissenschaft zur Verfügung stellen. Angehende Gerichtsmediziner lernen hier, wie man den Todeszeitpunkt und die Todesumstände ermittelt. // Jede Geräuschemission löst ein anderes geistiges Bild aus. Summende, schwirrende Insekten, verschiedene Arten von Fliegen. Eine trockene, heiße Landschaft, vielleicht ein paar verschrumpelte Sträucher. Der Verstand ist bereit, diese Schwingungen zu Szenen, Farben, Leben zusammenzusetzen. Rote Erde, darüber ein wolkenloser Himmel. Eine Meditation über eine mit Leben erfüllte Landschaft. Dann ein emsiges Kauen. Viel Hunger, viel Appetit. Es liegt etwas Beruhigendes in diesem Klang, in diesem gleichmäßigen Arbeiten. // 1247 n. Chr. In der Provinz Hunan versucht der Richter Song Ci, einen Mordfall unter den Dorfbewohnern aufzuklären. Alle Bauern werden aufgefordert, sich mit ihrer Sichel auf dem zentralen Platz einzufinden. Sie stehen in ordentlichen Reihen und halten ihre Werkzeuge hoch, silberne Mondsicheln, poliert und sauber. Dann schwärmen die Fliegen heran. Landen gezielt auf einer Sichel. Einer einzigen. Das Blut ist zwar abgewaschen, aber seine unsichtbaren Spuren ziehen die Insekten noch immer an. // Song Ci schrieb den ersten entomologischen Bericht über die Gerichtsmedizin, die *Aufzeichnungen zur Tilgung von Ungerechtigkeit*. Später ging er in die ganze Welt hinaus, wurde ins Englische und Deutsche übersetzt. // Was können uns Insekten über die Verwesung einer Leiche erzählen? Schmeißfliegen, Fleischfliegen, Stubenfliegen, Käsefliegen, schwarze Soldatenfliegen, später Maden, Wespen, Bienen, Milben – wie in einem Uhrwerk haben sie ihre jeweiligen Zeitfenster, um die Szene zu betreten. // Kirkegaard hält sein Mikrofon mit ruhiger, in Plastik gehüllter Hand in den Kadaver. »Diese Art von positivem Konflikt zwischen all den Assoziationen oder Ängsten, die man mit dem Tod verbindet, und dann etwas Konkretes, Unbekanntes, sogar Schönes in der Verwesung eines Leichnams zu hören, das beruhigt das Gemüt, oder verändert auf jeden Fall die Beziehung zu diesem Prozess. Es ist die Natur selbst, die hier ihre Arbeit tut.«

Aufnahme 4 – *Opus Autopsia*: Ein sauberer Schnitt mit einem sehr scharfen Werkzeug. Das Abziehen von Haut. Das Ritzen am Schädelknochen. Dann ein leicht bebendes Ploppen. »Das ist das Gehirn«, kommentiert Kirkegaard. Weitere Schnitte, mehr Fleisch wird entfernt, Knochen werden gebrochen. »Wie anders das Herz klingt, wenn man es auf die Waage legt. Es ist ein Muskel, der dabei leicht zittert.« Und ja, das Herz klingt ganz anders als das Gehirn. Die Geräusche stammen von einem gut ausgebildeten Handwerker, der keine einzige Bewegung verschwendet. Jeder Schnitt sitzt, eine stille Choreografie.

Während die Geräusche des Sterbeprozesses für die Lebenden heftig und zutiefst unangenehm sein mögen, oft begleitet von schwerem Atmen, Stöhnen, Wehlauten und Ausrufen der Angst, ist der Tod selbst die ewige Ruhe. Aber ist er das wirklich? Kirkegaard machte sich daran, die Geräusche, die von einem toten menschlichen Körper ausgehen und ihn umgeben, aufzunehmen. Er konzentrierte sich auf die Zeit zwischen dem Eintreten des Todes und dem Moment, in dem der Körper unter die Erde gebracht wird. *Opus Mors* ist eine einzigartige Aufzeichnung, die man nicht im Internet finden kann. Man muss die Schallplatte in die Hand nehmen, sie auflegen, sie abspielen. Nicht zum Spaß. Nicht aus Neugierde. Sondern als Meditation über das Leben.

33. ORGAN²/ASLSP: So langsam wie möglich

St.-Burchardi-Kirche, Halberstadt, Deutschland

Einst war hier ein Meer. Jetzt erhebt sich der Kyffhäuser über die fruchtbaren Ebenen Sachsen-Anhalts. Um seinen Gipfel herum nimmt der Wind zu, warme Luftströme steigen spiralförmig in die Höhe. In dieser Brise flattern die Raben und zeichnen ein Flugmuster, weite Kreise, scharfe Augen auf die Landschaft. Alle 100 Jahre, so die Legende, erwacht Kaiser Barbarossa aus seinem Schlummer in der Tiefe des Berges und sieht nach den Raben. Wenn sie jemals verschwunden sein sollten, bricht eine Ära des Friedens an, heißt es. // Kein Wunder, dass die nahe gelegene Stadt Halberstadt ein Faible für die Ewigkeit hat. 1896 wurde hier die Dosenwurst erfunden. Eine Ausstellung zeigt 18 000 ausgestopfte Vögel. Das ehemalige Haus der verstorbenen Frau Schraube, in dem 100 Jahre bürgerliche Wohnkultur unverändert erhalten geblieben sind, wurde in ein Museum umgewandelt. Nichts darf der Vergangenheit entgleiten. Es gilt, das Leben zu bewahren, durch die Konservierung seiner Spuren. Und dann, 2001, wurde in der mittelalterlichen St.-Burchardi-Kirche eine Orgel installiert, die John Cages *ORGAN²/ASLSP* so langsam wie möglich spielt. // Wie langsam ist so langsam wie möglich? Diese Frage ist zu einer philosophischen und technischen Angelegenheit geworden, die 1998 bei der Tagung für Neue Orgelmusik in Trossingen im Schwarzwald diskutiert wurde. Da eine Orgel theoretisch so lange gespielt werden kann, wie Luft in ihre Pfeifen geblasen wird, kann ein Stück so lang sein wie die Lebensdauer des Instruments. In Halberstadt steht eine der ältesten Orgeln, aus dem Jahr 1361. Als die Konferenz stattfand, entschied man, im Jahr 2000 zu beginnen, dann wäre die Orgel 639 Jahre alt. Noch einmal so lange, beschlossen die Teilnehmer, solle das Orgelwerk in die Zukunft reichen. // *ORGAN²/ASLSP* begann mit einer Pause, die 17 Monate dauerte. Nur die elektronisch betriebene Windmaschine unter dem Blasebalg war zu hören. Nichts als das Ein- und Ausatmen, das Zischen des Windes, der die Lungen des Projekts füllte und sie wieder verließ. Die ersten Töne erklangen am 5. Februar 2003. Abrupt schalteten sie sich ein. Ein lang anhaltendes gis, h, gis, das in den Steinmauern widerhallte und den Raum mit einer schwingenden Präsenz erfüllte, ein Dröhnen, das die Erhabenheit der Zeit hörbar macht. // Die Performance hat keinen Spieler. Sandsäcke halten die Pedale für die Pfeifen fest, der Elektromotor wird mit einem Notstromaggregat betrieben. Zu bestimmten, präzise kalkulierten Terminen kommen neue Pfeifen, neue Töne hinzu. »Wer bei einem Klangwechsel in der Burchardikirche dabei ist, wird mit der Flüchtigkeit des Momentes konfrontiert«, schreibt Christoph Bossert, der die Klangwechsel bis ins Jahr 2072 berechnet hat. Manchmal werden Pfeifen auch weggenommen. Irgendwann wird wieder eine Pause eingelegt, und die Stille, die sie mit sich bringt, muss ausgehalten werden, bis der Klang wiederkehrt. Der letzte Ton wird im Jahr 2640 verebben. // Einer der Initiatoren des Projekts ist Rainer Neugebauer, Professor für Verwaltungswissenschaften. Von ihm stammt eventuell auch der fast schon distanzierte Ansatz, der sich mit der Administration einer möglichen Zukunft befasst. Denn um das Projekt zu finanzieren, wurde ein Patenschaftssystem eingerichtet. Die Namen all jener, die das Musikstück ein Jahr lang unterstützen, werden auf Tafeln eingraviert. Ein Jahr, ein Sponsor, 1000 Euro, um den Ton zu halten, bis das nächste Jahr anbricht. Die ersten 100 Jahre waren schnell vergeben, ebenso wie die Jahre gegen Ende des Stücks. Dazwischen gibt es noch einige Lücken. // Bislang erzählen die Inschriften auf den Tafeln mehr über unser Zeitalter, unsere Ängste und Hoffnungen, als über das bevorstehende: 2085 – *We did it our way.* 2186 – *Zum Gedenken an die Atomkatastrophen von Tschernobyl und Fukushima.* 2298 – *Unendlich ist die Weite des Alls. Hellgrün das Gras auf den Gräbern.* 2451 – *Gestern war heute morgen.* // »Im Idealfall werden sie für das Denken über die Zeit das tun, was die Fotos der Erde aus dem Weltraum für das Denken über die Umwelt getan haben. Solche Ikonen verändern das Denken der Menschen«, sagt Steward Brand über Projekte der Long Now Foundation, Vorhaben wie das Future Library Project in Norwegen – und eben die Orgelperformance in Halberstadt. // Wer die mittelalterliche Architektur der St.-Burchardi-Kirche betritt, begibt sich in einen Raum aus Klang. Niemals werden mehr als vier Töne gleichzeitig tönen. Sie hallen nach in dem Gemäuer, das während der historischen Fußnote der DDR-Jahre als Schweinestall und Brennerei diente. Einige Anwohner klagen zwar über einen tinnitusähnlichen Lärm, andere aber profitieren von den kulturinteressierten Touristen, die Halberstadt sonst wohl nie ansteuern würden. Die Stadt ist kein einfaches Terrain: Manche Kräfte sehnen sich nach der Wiedervereinigung mit der Ewigkeit, Nazi-Gruppierungen, die ihr Tausendjähriges Reich in einem größeren Rahmen feiern möchten als in den örtlichen Kneipen. // John Cage strebte eine Musik an, die frei von Hierarchien ist. Kein Ton sollte wichtiger sein als der andere. Sein Zeitgenosse Toru Takemitsu, mit dem er gern kollaborierte und Pilze sammelte, sagte: »Der naive und grundlegende Akt des Menschen, das Zuhören, ist vergessen worden. Musik ist etwas, das man hören muss, nicht erklären. John Cage versucht, die Bedeutung dieses ersten Aktes wiederzuentdecken.« // *ASLSP* kann noch mehr bedeuten als nur »so langsam wie möglich«. Als Cage das Stück 1985 schrieb – zunächst für Klavier, zwei Jahre später dann auch für Orgel –, gab er widersprüchliche Aufführungshinweise: »Der Titel ist eine Abkürzung für ›as slow as possible‹. Er bezieht sich aber auch auf ›Soft morning city! Lsp!‹, die ersten Ausrufe im letzten Absatz von James Joyce' *Finnegans Wake.*« Joyce brauchte 17 Jahre, um seinen obskuren Roman zu schreiben, der voller seltsamer Wörter, Portmanteaus und Ausdrücke ist, die zwischen Traum- und Wachzuständen hin- und herschwanken. Manchmal erfüllt ein erfundenes Wort, das unmöglich lang und unmöglich laut zu lesen ist, die Seite wie ein Donnerschlag: »bababadalgharaghtakamminarronnkonnbronntonnerronntuonnthunntrovarrhounawnskawntoohoohoordenenthurnuk!« Aber es ist der letzte Absatz des Buches, der als Rekursion gesehen wird, die das Ende mit dem Anfang verbindet und einen unendlichen Kreislauf bildet. »Soft morning city! Lsp!« Denn »Lsp« ist nur ein sanfter Seufzer, eine leise flüsternde Brise, die Welt im Aufwachen begriffen und der menschliche Körper darauf reagierend. Irgendwo versteckt in diesen Zeilen findet sich vielleicht auch der Sinn des Halberstädter Orgelprojekts: einen Begriff von Ewigkeit zu erfassen, nicht um die Zeit zu bewahren, sondern um sie lebendig zu halten, ein zarter Versuch, den Klang Klang sein zu lassen und ihn als das zu hören, was er ist.

34. Von Wachs und Glas, Musik und Stimmen: Die Vergangenheit, Gegenwart und Zukunft der Tonaufnahme

Die Mapleson-Sammlung, New York City, New York, USA / Californian Language Archive, Berkeley, Kalifornien, USA / Das globale Musikarchiv, Spitzbergen, Norwegen

Tastendruck. Beginn der Aufnahme. Einen flüchtigen Klang einfangen und ihn später zum Anhören wiedergeben – eine Technologie, die noch keine zwei Jahrhunderte alt ist, ein Blitz in den Annalen der Menschheitsgeschichte. // 1860. Édouard-Léon Scott de Martinville freut sich, mit seinem patentierten Phonautographen eine zehnsekündige Aufnahme des französischen Volksliedes *Au clair de la lune* erstellt zu haben. »Au clair de la lune, / mon ami Pierrot, / prête-moi …« Scott freut sich auch, dass man die auf Papier festgehaltene Aufnahme später entziffern könnte. Doch auf die Idee, diese Signale wieder zurück in den Äther zu schicken, kommt weder er noch sonst jemand. Das sollte erst mehr als ein Jahrzehnt später geschehen. // 1877. Mit seinem hochmodernen Phonographen auf Folienträgermaterial ruft Thomas Edison *Mary Had a Little Lamb* und spielt es seinem Chefmechaniker John Kruesi vor. »Ich war noch nie in meinem Leben so verblüfft«, erinnerte sich Edison fünf Jahrzehnte später anlässlich des goldenen

Jubiläums seiner weltverändernden Erfindung. »Alle waren beeindruckt. Ich hatte immer Angst vor Dingen, die beim ersten Mal funktionieren.«

Mit der Einführung der Tonwiedergabe konnte nun jeder ein Stück seiner akustischen Umgebung aufnehmen und wiedererleben. // 1900. Lionel Mapleson, Bibliothekar der Metropolitan Opera, kauft einen Edison-Phonographen mit den neuesten Wachszylindern, um Proben und Aufführungen festzuhalten. Nachdem er ihn am Souffleurkasten und den Deckenleuchten getestet hat, stellt Mapleson das Gerät mit seinem überdimensionalen Horn auf den Laufsteg über der Bühnenmitte. In den nächsten drei Jahren zeichnet er eine Reihe von Arien und Szenen auf und hält damit einen Querschnitt dessen fest, was vielen als das goldene Zeitalter der Oper gilt. Heute ist die 135 Wachszylinder umfassende Mapleson-Sammlung, die in der New York Public Library aufbewahrt wird, die älteste Dokumentation von Live-Musikaufführungen aus der ersten Dekade des 20. Jahrhunderts. Edward Komara, Musikbibliothekar an der State University of New York, findet, dass die Künstler im Opernhaus mit mehr Elan singen als auf ihren kommerziellen Aufnahmen, dass sie freier, heroischer und überlebensgrößer klingen – ganz im Sinne der Opernform.

Die Einführung der Wachszylinder ermöglichte nicht nur die Aufbewahrung von Musik, sondern auch die von Stimmen. Tragbare Phonographen erlaubten es Ethnografen, ins Feld zu gehen und die Ausdrucksformen fremder Kulturen einzufangen, von denen viele heute nicht mehr aktiv verwendet werden. // Kalifornien: Einst eine der linguistisch vielfältigsten Regionen der westlichen Hemisphäre. Heute gibt es für weniger als die Hälfte der neunzig indigenen Sprachen noch aktive Sprecher. // Der Linguist Andrew Garrett von der University of California in Berkeley arbeitet seit 2015 an der Digitalisierung und Restaurierung von Tonaufnahmen von 3000 Zylindern aus dem frühen 20. Jahrhundert, die das Phoebe A. Hearst Museum of Anthropology besitzt. Er benötigt keine Nadeln, um das mit der Zeit brüchig gewordene Wachs zu lesen – ein von dem Physiker und Audiokonservator Carl Haber entwickeltes lichtbasiertes optisches Abtastsystem ist in der Lage, die eingeätzten Lieder, Rituale und Geschichten in digitale Tondateien für künftige Forschungs- und Wiederbelebungsmaßnahmen umzuwandeln. // Aus kulturpolitischen Gründen werden die Aufnahmen nur auf Anfrage zur Verfügung gestellt. Garrett beschreibt das Projekt als eine Art »digitale Rückführung des kulturellen Erbes an die Menschen und die Gemeinschaften, in denen das Wissen ursprünglich entstanden ist«. Einige Aufnahmen in Salinan aus dem Californian Language Archive sind jedoch für die Öffentlichkeit zugänglich. Ihre Titel: *Meine Reise nach San Francisco*, *Waldbrände bekämpfen*, *Spanisch-Salinanisches Kurzvokabular I (Ziffern 1 bis 10)*, *Spanisch-Salinanisches Kurzvokabular II*. Der letzte Salinan-Sprecher starb 1958.

Irgendwann fällt alles der Entropie zum Opfer. Wachszylinder zerbröckeln und schimmeln. Festplatten werden entmagnetisiert und versagen. Die Medienarchäologie geht davon aus, dass die Formate, denen wir heute unser Vertrauen schenken, nur unwesentlich weniger flüchtig sind als die ursprünglichen Übertragungswellen. Im Global Seed Vault auf Spitzbergen wird eine Initiative zur Entwicklung einer längerfristigen Lösung durchgeführt. Das Ziel des »Project Silica«: Die Codierung großer Mengen von Musik und anderer Audiodaten auf Glasplatten, die gegen Feuchtigkeit, extreme Temperaturen und elektromagnetische Strahlung unempfindlich sind. Die erste Proof-of-Concept-Platte, die im Tresorraum installiert wurde, enthält Aufnahmen aus der International Library of African Music, Konzerte von Stevie Wonder und Manfred Mann sowie Werke der Multimedia-Musikerin Beatie Wolfe. // Das Glasspeicherformat soll 10 000 Jahre überdauern, eine Epoche gespeicherter menschlicher Geschichte. Wird dann überhaupt noch jemand über die Ausrüstung und das Wissen verfügen, um den Katalog unserer Spezies wiederzugeben? Es bleibt uns nichts anderes übrig, als dem Geist Édouard-Léon Scott de Martinvilles zu folgen und es der Zukunft zu überlassen, unser kollektives Klangbild zu entschlüsseln.

35. Der Klang der Manipulation: Sonic Warfare an der Front, in der Fabrik und vielem mehr

Telefunken Pilz-Lautsprecher, Deutsches Historisches Museum, Berlin, Deutschland / Tempelhofer Feld, Berlin, Deutschland

1. Mai 1937. Tempelhofer Feld, Berlin. Ein erregter, kleiner Mann hält eine Rede, seine Worte in kohlkopfgroße Mikrofone spuckend. Die choreografierten Gesten seines Auftritts sind nur für die Kameras und diejenigen sichtbar, die in seiner unmittelbaren Nähe stehen, seine Worte aber schallen laut und deutlich bis in die hintersten Winkel des Feldes – dank der neu entwickelten pilzförmigen Lautsprecher von Telefunken. Jede Silbe, die er spricht, wird in ein Meer von schätzungsweise 1,5 Millionen Zuhörern übertragen.

Frühjahr 1944. Eine bizarre Entourage von Designern, Künstlern und Illustratoren trifft an den Ufern der Rur ein. Es gilt, die alliierten Streitkräfte zu unterstützen, mit aufblasbaren Panzerattrappen und einem Abspielgerät voller Soundeffekte: Sie sind gekommen, um ohne Kugeln zu kämpfen. Monate zuvor haben sie in Fort Knox mithilfe modernster Technik Geräusche aufgezeichnet, die mit militärischen Manövern in Verbindung stehen, und können diese nun nach Lust und Laune abspielen, wobei sie je nach eroberbarem Territorium neue Geschichten erzählen: mal ist es ein herannahender Panzer, mal sind es Tausende von Soldatenfüßen, die im Schlamm stampfen, oder vorbeidonnernde Flugzeuge. Bis zu 25 Kilometer entfernt jagt die amplifizierte und mit einem DJing vergleichbare Geräuschkulisse der sogenannten Ghost Army ihren Gegnern Schauer über den Rücken.

1950. Detroit. Ein Fließband der Ford-Autofabrik. Der Lärm ist unerträglich. Es heißt, dass die Arbeiter bereits nach sechs Monaten Anzeichen von Überforderung zeigen. Das Programm *Muzak Stimulus Progression* untermalt ihr Leben im fluoreszierenden Licht: morgens ein wenig anregende Musik, nachmittags eine etwas ruhigere – eine Choreografie der Energielevel, der Versuch, die Arbeiter mit dem Takt der Maschinen zu synchronisieren. Singen ist strengstens untersagt.

1967. Ein Boot schwimmt auf dem trüben Wasser eines vietnamesischen Dschungelflusses. Aus ihm entweicht eine unheimliche Soundkulisse in das dichte Ufergebüsch. Zuerst das Klappern von Münzen, wie es von Buddhisten bei Beerdigungsriten praktiziert wird, dann die Stimme eines Kindes, das auf Vietnamesisch fleht: »Papa, Papa, komm mit mir nach Hause.« Es folgen weitere dumpfe, hallende Töne. Und dann: »Meine Freunde. Ich komme zurück, um euch wissen zu lassen, dass ich tot bin.« Das *Ghost Tape Number Ten* wurde im Rahmen der Operation *Wandering Soul* auch von Lautsprechern auf Rucksäcken oder von Hubschraubern der US-Armee abgespielt.

Die Macht des Klangs. Unsichtbar, durchdringend und unerbittlich. Er kitzelt nicht nur das feine Haar in den Gehörgängen, sondern kann eine ganze Nation mobilisieren. Die Nazis setzten auf verstärkte Stimmgewalt als eines ihrer Hauptwerkzeuge der Massenmanipulation; sie hatten sich ausgerechnet, dass die

Ausbildung von Rednern billiger sei als der Druck von Plakaten. »Laut/Sprecher« wurde ein eigenständiger Begriff. Und ein neues Forschungsgebiet. »Ja, so verlief die nationalsozialistische Revolution. Der Atem des Führers ging hin über das Leichenfeld von Weimar und machte die Totengebeine lebendig, hier einen, dort einen, eine lange Reihe, zuletzt das ganze Volk; aus dem Grabe stieg Deutschland, erweckt von der Stimme seines Propheten«, schrieb Karl Kindt 1934 in *Der Führer als Redner*. Auf Kundgebungen waren die Abstände zwischen den Lautsprechern geschickt gewählt, und die Industrie unterstützte das Regime mit der Entwicklung neuartiger Mikrofone und Lautsprechersysteme, die in einer eigens dafür errichteten Fabrik in Großziethen vor den Toren Berlins hergestellt wurden (heute im Deutschen Historischen Museum zu sehen). »Wenn sie nur nicht immer so laut sprechen würden«, war eine der wenigen öffentlich geäußerten Beschwerden gegen die repressive NS-Ideologie.

Die von der Ghost Army während des Zweiten Weltkriegs eingesetzten Geräusch-Täuschmanöver töteten oder verletzten niemanden und trugen dennoch dazu bei, den Alliierten den Weg zum Sieg zu ebnen. Die 1100 Männer der Spezialeinheit sollten später zur kreativen Elite Amerikas aufsteigen: Arthur B. Singer würde fünfzig Briefmarken mit Wildvögeln illustrieren, Ralph Ingersoll gründete die Zeitschrift *PM* und Art Kane »packte und manipulierte« Künstler wie Bob Dylan, Frank Zappa oder die Rolling Stones für seine ikonischen Fotoporträts. Im Jahr 2022 unterzeichnete Präsident Joe Biden den Ghost Army Congressional Gold Medal Act, um »ihre einzigartigen und hoch angesehenen Dienste bei der Durchführung von Täuschungsoperationen in Europa während des Zweiten Weltkriegs« zu würdigen.

»Gefühle wie Glück und Zufriedenheit und sogar das Hören von rhythmischen Klängen, Musik usw. sind eine Hilfe zur Steigerung der Leistung«, schrieb Lillian Gilbreth 1914 in *The Psychology of Management.* Das *Stimulus Progression Program* der Firma Muzak sickerte aus den Fabriken schließlich auch in den öffentlichen Raum. Die sogenannte Fahrstuhlmusik wurde im Weißen Haus, im Weltraum und auf fast allen städtischen Plätzen gespielt und betäubte jeden mit ihren beschwingten Melodien. Doch 1967 hatte der Geiger Yehudi Menuhin genug von dieser ständigen Schallberieselung und hielt vor der UN eine leidenschaftliche Rede, in der er das Recht auf Stille einforderte: »Wir werden heute mit Hintergrundmusik überschüttet. Es gibt zu viel davon. Sie ist eine Art Hintergrundgeräusch, das zu viel von unserem Bewusstsein absorbiert.«

Die Operation *Wandering Soul* musste letztlich abgebrochen werden, da sich der Vietcong von den Geisterbändern nicht sonderlich beeindruckt zeigte. Nur wenige Fälle sind bekannt, bei denen die Aufnahmen tatsächlich zum Überlaufen von Soldaten führten. Bei einem davon war anstelle von Geisterklängen das Brüllen eines Tigers zu vernehmen. Als die Vietcong-Kämpfer jedoch begannen, die Quellen der Töne gezielt anzugreifen und die Lautsprecher und deren Träger zum Schweigen zu bringen, wurde die Operation eingestellt.

24. September 2009. Eine zivile Demonstration gegen den G20-Gipfel in Pittsburgh. Die *New York Times* berichtet über die Ereignisse: »Die Polizei feuerte eine Schallkanone ab, die schrille Töne von sich gab, sodass sich die Demonstranten die Ohren zuhielten und zurückwichen, dann warf sie Tränengaskanister, die weiße Rauchwolken ausstießen, und Betäubungsgranaten, die mit scharfen Lichtblitzen explodierten. Beamte der Stadt sagten, sie glaubten, dass es das erste Mal war, dass diese Soundkanone öffentlich eingesetzt wurde.« Nate Harper, der Leiter der Pittsburgher Polizei, lobte: »Andere Strafverfolgungsbehörden werden den Einsatz beobachten«, die Kanone »hat ihren Zweck erfüllt«.

Der Einsatz von LRADs (Long Range Acoustic Devices) gegen die Demonstranten in Pittsburgh gilt als erster seiner Art in den USA. Die Zivilistin Karen Piper, die bei den Protesten dabei war, klagte später gegen die Stadt: Sie war plötzlich und ohne Vorwarnung einem starken, durchdringenden Ton ausgesetzt und erlitt dadurch einen dauerhaften Hörverlust.

Derzeit: Die Forschung befasst sich weiterhin mit dem Einsatz von LRADs und setzt auf deren angeblich harmlose Wirkung – zur Verteidigung des öffentlichen Friedens. Auftraggeber sind Militär und Polizei. Nähere Informationen dazu sind allerdings kaum zu bekommen, aus Gründen der Geheimhaltung werden Anfragen bei führenden wissenschaftlichen Einrichtungen schlicht ignoriert. Was bekannt ist: LRADs finden Verwendung beim Kampf gegen Piraten, bei der Abschreckung von Immigranten vor dem Überschreiten der europäischen Grenzen, bei der Verhinderung von Demonstrationen wie etwa dem Women's March in Washington, D. C., gegen die Amtseinführung von Donald Trump, bei der Vertreibung von feiernden Studenten während des Corona-Lockdowns und bei vielem mehr.

36. Die Goldene Schallplatte der Voyager 1: Die Botschaft der Menschheit – für wen noch mal?

155 Astronomische Einheiten von der Sonne entfernt, interstellarer Raum

»Im Weltraum hört dich niemand schreien«. So lautet der Werbeslogan des Science-Fiction-Films *Alien* von 1979. Weder unsere Urangst vor dem Abgrund noch unser Wissen, dass Schall das Vakuum des Weltraums nicht durchdringen kann, haben uns von dem Versuch abgehalten, uns im Kosmos Gehör zu verschaffen. // Die 1977 gestartete Raumsonde Voyager I ist das am weitesten von der Erde entfernte von Menschenhand geschaffene Objekt. An Bord der Sonde, die in 23 Milliarden Kilometer Entfernung in Richtung des Sternbilds Camelopardalis eilt, befindet sich eine Schallplatte, die auf der einen Seite 115 Bilder und auf der anderen 90 Minuten Ton enthält. Es ist ein Archiv des dritten Planeten, der einen unscheinbaren gelben Stern umkreist.

Die Goldene Schallplatte der Voyager ist mit einer Nadel mit 16⅔ Umdrehungen pro Minute sofort abspielbereit. Darauf gespeichert sind unter anderem folgende Stücke: Bachs *Brandenburgisches Konzert Nr. 2 in F*, Chuck Berrys *Johnny B. Goode* und *Flowing Streams* von Kuan P'ing-hu. // *Here Comes the Sun* von den Beatles wurde in Erwägung gezogen, aber der Rechteinhaber

EMI verlangte das Dreifache des gesamten Projektbudgets als Entschädigung. // Einige Inhalte aus dem Themenbereich »Sounds of Earth«: Wind, Regen, Brandung. Vögel, Hyänen, Elefanten. Der Überflug einer F-111, der Abflug von Saturn V. Schritte, Herzklopfen, Lachen. Letztere Aufnahme, kratzig und schwer zu verstehen, soll von Carl Sagan selbst stammen, dem Vorsitzenden des Projektkomitees. Ann Druyan, die künstlerische Leiterin und Sagans zukünftige Ehefrau, bestätigte dies. »Sie sagte, dieses Lachen sei der allererste Eindruck von meinem Vater gewesen«, erzählte ihre Tochter Sasha später. Ihre Mutter wünschte sich, sein Lachen festzuhalten, »weil sie wollte, dass es für immer weiterlebt«. Ebenfalls mit auf der Platte sind die Gehirnströme einer verliebten Frau: Die EEG-Aufnahme stammt von der 27-jährigen Druyan, zwei Tage nachdem sie sich entschlossen hatte, Sagan zu heiraten, und gleicht »einer Kette von explodierenden Feuerwerkskörpern«.

Weitere Tracks auf der B-Seite: Gesprochene Grüße in 55 Sprachen in alphabetischer Reihenfolge, beginnend mit Akkadisch, einer verloren gegangenen sumerischen Sprache, und endend mit Wu, einem modernen chinesischen Dialekt. Ein Problem bei diesen Aufnahmen bestand darin, dass aufgrund der wenigen weiblichen Delegierten bei der UNO nicht genügend weibliche Stimmen zur Verfügung standen. Ein anderes war, dass für einige Sprachen aufgrund der Kurzfristigkeit des Projekts gar keine Sprecherinnen und Sprecher gefunden werden konnten: Swahili beispielsweise war so »ein bedauerliches Versäumnis«. // In den Kontext der menschlichen Begrüßungen sind die Gesänge von Buckelwalen eingeflochten, die der Umweltschützer Roger Payne 1970 vor der Küste der Bermudas aufgenommen hatte. Die Co-Produzentin der Platte, Linda Salzman, kommentiert: »Während des gesamten Voyager-Projekts basierten alle Entscheidungen auf der Annahme, dass es zwei Zielgruppen gibt, für die die Botschaft bestimmt ist – diejenigen, die die Erde bewohnen, und diejenigen, die auf Planeten ferner Sterne leben.«

Sender und Empfänger. Sprecher und Hörer. Position und Flugbahn von Voyager 1 können auf der Website des Jet Propulsion Laboratory der NASA eingesehen werden. Im Jahr 41 977 n. Chr. wird sich die Sonde bis auf 1,7 Lichtjahre dem AC+79 3888 oder Gliese 445, einem unscheinbaren roten Zwergstern, angenähert haben. Wer ist dort draußen? Und werden sie überhaupt von uns hören wollen? // In dem Science-Fiction-Film *Star Trek IV: The Voyage Home* aus dem Jahr 1986 trifft eine außerirdische Sonde auf der Erde ein. Sie sendet eine Botschaft aus, die von den Menschen nicht verstanden wird. Irdische Waffen und Technologien erweisen sich als nutzlos. Der Weltuntergang wird nur durch die dank einer Zeitreise in die Vergangenheit möglich gemachte Wiedereinführung eines Buckelwalpaares verhindert, das als Botschafter im Namen des Planeten auftritt. Nach einem kurzen Austausch zieht die Sonde wieder ab, scheinbar zufrieden. Die Helden dieser fiktiven Zukunft wissen – ähnlich wie die realen Wissenschaftler der Gegenwart – nicht, was die Wale gesagt haben. Sie wissen nur, dass ihr klagendes Heulen komplexer und eindringlicher ist, als wir es uns vorstellen können. // Wird der Tag kommen, an dem der Gesang von Walen auch uns vor der Zerstörung rettet? Wohl eher nicht. Science-Fiction bleibt Fiktion, und unsere Rettung muss von uns selbst kommen. Aber die Hoffnung ist eine geheimnisvolle Kraft, die sich manchmal in der Erschaffung von Klängen und Liedern manifestiert. Oder in einer Botschaft, die in die Leere geschickt wird, ungeachtet aller Widrigkeiten und mit den edelsten Absichten. »Es ist, ebenso wie die Töne eines Bartenwals, ein Liebeslied, das in den Weiten der Tiefe gesungen wird«, schreibt Sagan in seinem Buch *Cosmos* über das Projekt der Goldenen Schallplatte. Ein solches Bewusstsein könnte uns am Ende doch noch retten und/oder überdauern.

Danksagung

Michaela Vieser und Isaac Yuen möchten folgenden Personen und Institutionen danken:

Der Akademie der Künste für das INITIAL-Stipendium, das es uns erlaubte, viele der Orte und Gesprächspartner aufzusuchen.

Der Okeanos Stiftung für das Meer, die uns zu den Walen geführt hat. Hier danken wir vor allem Dieter Paulmann für seinen unermüdlichen Support, die vielen geteilten Geschichten und das gemeinsame Eintauchen in neue Welten sowie Jana Steingässer für die liebevolle Betreuung bei allen Unterfangen.

Vera Michalski-Hoffmann, Guillaume Dollmann und der Jan Michalski Stiftung. Ohne euch gäbe es dieses Buch nicht, dessen Essenz in unserem ersten gemeinsamen Hör-Erlebnis ruht: der Präsenz des Waldes von Montricher.

Der Robert Bosch Stiftung für das Grenzgänger-Stipendium, das eine sehr, sehr lange Zugfahrt ins Altai-Gebirge ermöglichte.

Tony Cederberg von der Husö Biologiska Station, Åland, und dem Team um Claudia van Hasselt. Wir hätten sonst nie stundenlang den Algen gelauscht.

Gösta Funke und Susanne Barbey für ihre Bereitschaft, uns mit dem launischen Cembalo bekannt zu machen. Lorenz Schreiber für den Nachhilfeunterricht in Sachen Bach. Ko Ishikawa für einen langen und anhaltenden Dialog zu klassischer japanischer Musik, der etwas Tiefliegendes geweckt hat. Tim Hinman und Miriam Nielsen für ihre Freundschaft. Jacob Kirkegaard für einen Abend in einem alten Raum. Justin Bennett für das Beantworten vieler

Fragen. Stephan Malane, der das Alphorn am liebsten vor einer Felswand spielt und dem Echo lauscht. Merike Glass, die uns mit zu einem rauschenden Wald nahm. Lucinda Newton-Dunn, die uns zu den Taubenpfeifen in Oxford geführt hat. Will Martin, der als Lärmexperte neue Fragen aufgeworfen hat. Matas Petrikas, der uns mit einem Text über den Türknauf der Philharmonie in den Raum des Klangs geworfen hat. Martin Zähringer und Jane Tversted für ihre Einladung zum Climate Cultures Festival 2022. Petra Ahne für ihre Moderation und ihre inspirierenden Fragen. Katrin Kroll und dem Team der Agentur Petra Eggers, die an das Projekt geglaubt haben. Unserem Lektor Michael Lenkeit, der sorgfältig und zart jeden Text las und jeder Spur nachging. Hans Peter Buohler vom Knesebeck Verlag für das Teilen unserer akustischen Vision. Und Danke an Baldur, Elisabeth und Charlotte für ihre Bereitschaft, zuzuhören.

Bibliografie

Der Klang des Universums: Auf der Suche nach Harmonie und Resonanz

American Physics Society. »Holmdel Horn Antennae«, https://aps.org/programs/honors/history/historicsites/penziaswilson.cfm, abgerufen am 15.08 2022.

NASA Archive. »Chandra ›Hears‹ a Supermassive Black Hole in Perseus«, https://www.nasa.gov/vision/universe/starsgalaxies/chandra_sound_waves.html, abgerufen am 15.08 2022.

SYSTEM Sounds. https://www.system-sounds.com/, abgerufen am 15.08 2022.

NASA Exoplanet Exploration. »Cosmic Milestone: NASA Confirms 5,000 Exoplanets«, https://exoplanets.nasa.gov/news/1702/cosmic-milestone-nasa-confirms-5000-exoplanets/, abgerufen am 15.08 2022.

Versteinerte Klangbilder: Von den singenden Säulen eines indischen Tempels

Keiter, M. »Geologie Indiens und Hampis: Eine lange Geschichte in wenigen Worten«, https://www.uni-muenster.de/imperia/md/content/mineralogie/keiter_hampi_geology.pdf, abgerufen am 20.12 2021.

Raja, S. »Music from the pillars«, *The Hindu*, 04.06 2015.

Modak, H. V. »Musical curiosities in the temples of South India«, *Impact of Science on Society*, 138/139, UNESCO, 1985.

Benka, S. G. »Musical pillars made of solid granite«, *Physics Today*, 61, 2008.

Paes, D., Nunes, F. *A Forgotten Empire (Vijayanagar): A Contribution to the History of India*, https://www.gutenberg.org/ebooks/3310, abgerufen am 20.12 2021.

Uralter Schattenkrieg: Das akustische Wettrüsten zwischen Motten und Fledermäusen

Yoon, C. K. »Donald R. Griffin, 88, Dies; Argued Animals Can Think«, *The New York Times*, 14.11 2003.

Long, T. »Feb. 26, 1935: Radar, the Invention That Saved Britain«, *Wired*, 26.02 2008.

Minkel, J. R. »Bats Flew Before They Could Echolocate«, *Scientific American*, 14.02 2008.

Bat Conservation International. »Mexican Free-Tailed Bat«, https://www.batcon.org/bat/tadarida-brasiliensis/, abgerufen am 18.08 2022.

University of Strathclyde. »World's most extreme hearing animal: The greater wax moth«, *ScienceDaily*, 08.05 2013, https://www.sciencedaily.com/releases/2013/05/130508092830.htm.

Rydell, J., Russo, D., Sewell, P., et al. »Bat selfies: photographic surveys of flying bats«, *Mammalian Biology*, 2022, https://doi.org/10 1007/s42991-022-00233-7.

University of Bristol. »Moths strike out in evolutionary arms race with sophisticated wing design«, https://www.bristol.ac.uk/news/2020/october/moths-acoustic-camouflage.html, abgerufen am 18.08 2022.

van Hoose, N., Watkinson, M. »Moths with larger hindwings and longer tails are best at deflecting bats«, https://www.floridamuseum.ufl.edu/science/moths-with-longer-tails-best-at-deflecting-bats/, 04.07 2018.

Corcoran, A. J., Barber, J. R., Conner, W. E. »Tiger Moth Jams Bat Sonar«, *Science*, Vol. 325, Nr. 5938, https://www.science.org/doi/10 1126/science.1174096.

Walawalker, A. »Bad taste in the moth: study reveals insect's chemical defence«, *The Guardian,* 16.12 2019.

Höhlen, Klänge und die menschliche Vorstellungskraft

Fondazione Mida Musei Integrati dell'Ambiente. »Le Grotte Di Pertosa-Auletta«, https://fondazionemida.com/grotte-pertosa-auletta, abgerufen am 10.08 2022.

Musée Archéologie Nationale. »La Grotte Chauvet-Pont d'Arc«, https://archeologie.culture.gouv.fr/chauvet/, abgerufen am 10.08 2022.

Amos, J. »Indonesia: Archaeologists find world's oldest animal cave painting«, *BBC News*, 14.01 2021.

UNESCO World Heritage Convention. »Cueva de las Manos, Río Pinturas«, https://whc.unesco.org/en/list/936, abgerufen am 10.08 2022.

SoundZipper. »Magical acoustics of the prehistoric caves«, https://soundzipper.com/blog/magical-acoustics-prehistoric-caves/, abgerufen am 10.08 2022.

Reznikoff, I. »On Primitive Elements of Musical Meaning«, *JMM: The Journal of Music and Meaning*, 3, Herbst 2004/Winter 2005.

Miyagawa, S., Lesure, C., Nóbrega, V. A. »Cross-Modality Information Transfer: A Hypothesis about the Relationship among Prehistoric Cave Paintings, Symbolic Thinking, and the Emergence of Language«, *Frontiers in Psychology*, Perspective Article, 20.02 2018, https://doi.org/10 3389/fpsyg.2018 00115.

Hoffman, J. »Q&A: Acoustic archaeologist«, *Nature*, Vol. 506, S. 158, 12.02 2014.

Till, R. »Songs of the Caves«, https://songsofthecaves.wordpress.com/, abgerufen am 10.08 2022.

Rekonstruktion des Paläoschalls: Wie man den Klang vergangenen Lebens zurückholt

Leach, A. *Things That Are*, Milkweed Editions, 2012, S. 13.

Museum of Modern Art. »Lucy from the series Back, Herebelow Formidable (the rebirth of prehistoric creatures)«, https://www.moma.org/interactives/exhibitions/2011/talktome/objects/147553/, abgerufen am 08.08 2021.

»Ever Wonder What A Woolly Mammoth Sounds Like?«, *NPR All Things Considered*, 23.07 2011, https://www.npr.org/2011/07/23/138644143/helping-mammoths-roar-again.

University of Helsinki. »The last mammoths died on a remote island«, *ScienceDaily*, 07.10 2019, www.sciencedaily.com/releases/2019/10/191007081750.htm.

Über große Entfernungen: Klangbotschaften in Luft und Wasser

Yong, E. *An immense world*, The Bodley Head, 2022, S. 231–234.

Todd, B. »Pigeon Whistles: ›The closest thing I've ever experienced to heaven‹, in: *The Guardian*, 22.08 2014.

Kolbert, E. »The strange and secret ways that animals perceive the world«, in: *The New Yorker*, 06.06 2022. Allerdings werden hier die falschen Wale zitiert. Es sind die Blau- und Finnwale, die sich der langen Sound Channels bedienen. Die Frequenz der Buckelwale eignet sich nicht für Langstrecken.

»Landesrecht konsolidiert Vorarlberg: Gesamte Rechtsvorschrift für Verordnung der Landesregierung über Warn- und Alarmsignale, Fassung vom 11.11 2022«, https://www.ris.bka.gv.at/GeltendeFassung.wxe?Abfrage=LrVbg&Gesetzesnummer=20000270.

Nachhall durch Zeiten und Schicksale: Das Klangorakel von Dodona

Acropolis Museum. »Dodona. The Oracle of Sounds«, https://www.theacropolismuseum.gr/en/temporary-exhibitions/dodona-oracle-sounds, abgerufen am 10.10 2021.

Greek Ministry of Education and Religious Affairs, Culture and Sports. »Ancient Theatre of Dodona«, http://odysseus.culture.gr/h/3/eh352.jsp?obj_id=1079, abgerufen am 10.15 2021.

Hawthorne, N. *The Golden Fleece as told by Nathaniel Hawthorne (1853)*, http://www.argonauts-book.com/hawthornes-version.html, abgerufen am 10.15 2021.

Murray, A. T. *The Iliad,* Kapitel 16, https://americanliterature.com/author/homer/book/the-iliad/book-16-death-of-patroclus, abgerufen am 10.15 2021.

Nicol, D. M. »The Oracle of Dodona«, *Greece & Rome*, Vol. 5, Nr. 2, Cambridge University Press, 1958, S. 128.

Das Lied vom Wind: Die kuriose Geschichte der Äolsharfe

Cavanaugh, C. A. »The Aeolian Harp: Beauty and Unity in the Poetry and Prose of Ralph Waldo Emerson«, *Rocky Mountain Review*, Vol. 56, Nr. 1, 2002, S. 25.

Ebrahimji, A. »Here's why the Golden Gate Bridge sings in San Francisco now«, *CNN*, 06.06 2020.

Engel, C. »The Project Gutenberg eBook, Musical Instruments«, https://www.gutenberg.org/files/54537/54537-h/54537-h.htm, abgerufen am 17.08 2022.

Matteson, R. S. »Emerson and the Æolian Harp«, *The South Central Bulletin*, Vol. 23, Nr. 4, 1963, S. 4–9.

Nelson, L., Kummer K., Hector, M., et al. »Aeolian Harps and the Romantics«, https://sites.udel.edu/britlitwiki/aeolian-harps-and-the-romantics/, abgerufen am 17.08 2022.

»The Aeolian Harp«, *Scientific American Supplement*, Nr. 483, Munn and Co.,1885, https://chestofbooks.com/crafts/scientific-american/sup4/The-Aeolian-Harp.html, abgerufen am 17.08 2022.

White, C. »Eerie Instruments Played by the Wind«, *Atlas Obscura*, 22.08 2014.

Über den Klang definiert werden: Gedanken zur Zikade

Deutsch, J. »Cicada Folklore, or Why We Don't Mind Billions of Burrowing Bugs at Once«, *Smithsonian Center for Folklife and Cultural Heritage*, 17.05 2021.

»Utom: Summoning the Spirit«, *Smithsonian Folkway Recordings*, https://folkways.si.edu/utom-summoning-the-spirit/world/music/album/smithsonian, abgerufen am 19.02 2022.

Warren, M. »Cicadas Still Sing«, *Orion*, 02.06 2021.

»Bug Expert Explains Why Cicadas Are So Loud«, *Currents*, 97, *Wired.com*, 24.05 2021.

Zarrelli, N. »›O, Shrill-Voiced Insect‹: The Cicada Poems of Ancient Greece«, *Atlas Obscura*, 23.06 2016.

Gagaku: Eine Musik, die Raum und Zeit durchdringt

Narabe, K. »The Japanese Sho mouth organ of Mayumi Miyata – Giving voice to the natural world«, *The Japan Foundation*, https://performingarts.jpf.go.jp/E/art_interview/1804/1.html, abgerufen am 29.01 2022.

Whatley, C. »Sho player Ko Ishikawa pushes the boundaries of gagaku with free improvisation«, *The Japan Times*, 02.01 2019.

Ishikawa, K. Privat gesammelte Notizen aus einer Dozentenarbeit an der Universität Tokio.

Takemitsu, T. *Confronting Silence*, Fallen Leaf Press, 1995, S. 3–12.

Ishikawa, K. Privat geführte Interviews.

Der singende Sand in Forschung und Literatur

»Mingsha Mountain Crescent Lake Nature Park«, *China Discovery*, https://www.chinadiscovery.com/gansu/dunhuang/mingsha-mountain-crescent-lake.html, abgerufen am 16.06 2022.

Dagois-Bohy, S., Courrech du Pont, S., Douady, S. »Singing-sand avalanches without dunes«, *Geophysical Research Letters*, Vol. 39, Nr. 20, 28.10 2012, https://agupubs.onlinelibrary.wiley.com/doi/abs/10 1029/2012GL052540.

Darwin, C. *The Voyage of the Beagle, Chapter XVI: Northern Chile And Peru (Page 2)*, https://darwin.thefreelibrary.com/The-Voyage-of-the-Beagle/16-1-2, abgerufen am 16.06 2022.

Fisher, S. »Singing Sand Dunes Explained«, *National Geographic News*, 31.10 2012.

Ouellette, J. »Of Granular Material and Singing Sands«, *Scientific American Cocktail Party Physics*, 17.11 2011.

Polo, M., Marsden, W., Masefield, J. *The Travels of Marco Polo the Venetian*, https://archive.org/details/marcopolooopolouoft/page/98/mode/2up, abgerufen am 16.06 2022.

Jameson, R. »On a particular Noise on at Nakuh, on Mount Sinai«, *The Edinburgh New Philosophical Journal*, Vol. 8, Januar–April 1830, S. 74f.

Vriend, N. M., Hunt, M. L., Clayton, R. W. »Linear and nonlinear wave propagation in booming sand dunes«, *Physics of Fluids*, Vol. 27, 103305, 2015, https://doi.org/10 1063/1 4931971.

Der Klang von Eis

Lopez, B. *Arctic Dreams*, Random House, 2014.

Kraus, A. »Der Klang des Nordpolarmeers«, in: Kraus, A., Winkler, M. (Hrsg.). *Weltmeere. Wissen und Wahrnehmung im langen 19. Jahrhundert*, Vandenhoeck & Ruprecht, 2014, S. 127–149.

Exeter Book, elektronischer Text, Exeter, Cathedral Chapter Library, MS 3501.

Lee, J. J. »Watch and Listen to the Surprisingly Noisy Death of an Iceberg«, *National Geographic*, 17.07 2013, https://www.nationalgeographic.com/science/article/130715-antarctica-iceberg-melting-sounds-ocean-science.

Magnason, A. S. *On time and water*, Serpent's Tail, 2020, S. 79–108.

Die wohltemperierte Demutspfeife

Webpräsenz von Klais Orgelbau, https://klais.de/m.php?pid=15.

Telefonate mit Klais Orgelbau.

Interviews der Autoren mit dem Cembalomusiker Gösta Funck zu Tasteninstrumenten.

Bauer, K. »Die Orgelbauerfamilie Allgeyer in Hofen und Wasseralfingen«, *Aalener Jahrbuch*, 1986.

Krahé, D., et al. *Machbarkeitsstudie zu Wirkungen von Infraschall*, Studie im Auftrag des Bundesumweltamts, 2014.

Verne, J. *20000 Meilen unter dem Meer*, Fischer Taschenbuch, 2008, S. 495.

Molkow, W. »Macht oder Andacht – Die Orgel im Film«, *Neue Musikzeitung*, 04 2021.

Ungezähmtes Ritual: Keening

Ní Ghríofa, D. *A Ghost in the throat*, Tramp Press, 2020 S. 283–321.

Naimon, D. »Between the Covers«, *Transcript Podcast Between the Covers Doireann Ní Ghríofa Interview*, https://tinhouse.com/transcript/between-the-covers-doireann-ni-ghriofa-interview/, abgerufen am 28.06 2022.

Ní Uallacháin, P. *An tAmhrán Geal (The Song of Light)*, www.youtube.com/watch?v=wfxZbEvpPso.

Lecossois, H. *Performance, Modernity and the Plays of J. M. Synge*, Cambridge University Press, 11 2022, S. 82–117.

Bourke, A. »The Irish traditional lament and the grieving process«, *Women's Studies International Forum*, Vol. 11, Nr. 4, 1988, S. 287–291.

Der Untergang eines Tons und eines Zeitalters: Von der Sehnsucht nach dem Nebelhorn

Foghorn Requiem, http://www.foghornrequiem.org/, abgerufen am 06.08 2022.

Macdougall, J. »An ode to the foghorn«, *The National Post*, 26.01 2013.

MacKinnon, C. »Foulis, Robert«, *Dictionary of Canadian Biography*, Vol. 9, 2003, http://www.biographi.ca/en/bio/foulis_robert_9E.html, abgerufen am 06.08 2022.

Smellier, S. »Foghorns cherished part of Atlantic Canada soundscape, but do they serve a purpose?«, *The Canadian Press*, 15.12 2021.

Sweeney, É. »Foghorns are embedded in people's minds«, *The Irish Times*, 12.05 2021.

Eine Stimme, ein Echo, Stille

Fontane, T. »Der Große und Kleine Tornow-See«, in: Erler, G., Mingau, R. (Hrsg.). *Wanderungen durch die Mark Brandenburg in 8 Bänden, Band 2, Oderland*, Aufbau Verlag, 1997.

Ovid. *Narcissus und Echo*, https://www.gottwein.de/Lat/ov/ovmet03339.php.

Brecht, B. »An die Nachgeborenen«, in: Ders. *Gedichte*, Suhrkamp Verlag, 1999.

Shikibu, M. *The Tale of Genji*, Penguin Classics, 2006.

Calvino, I. *Die unsichtbaren Städte*, dtv, 1985, S. 34.

Der Klang des atomaren Zeitalters

Agence France-Press. »Bikini Atoll nuclear test: 60 years later and islands still unliveable«, *The Guardian*, 02.03 2014.

Alexis-Martin, B. »The atomic history of Kiritimati – a tiny island where humanity realised its most lethal potential«, *The Conversation*, 04.07 2019.

Farrell, T. F. »Groves & Farrell Watching Trinity«, *Atomic Heritage Foundation*, https://www.atomicheritage.org/key-documents/groves-farrell-watching-trinity, abgerufen am 01.03 2022.

»French nuclear tests contaminated 110,000 in Pacific, says study«, *BBC News*, 09.03 2021.

Hersey, J. »Hiroshima«, *The New Yorker*, 23.08 1946.

LaFrance, A. »The Sound of an Atomic Bomb«, *The Atlantic*, 09.08 2017.

Moruroa Files: Investigation into French nuclear tests in the Pacific, https://moruroa-files.org/en/investigation/moruroa-files, abgerufen am 01.03 2022.

Mott, R. L. *Sound Effects: Radio, TV and Film*, Focus Press, 1990.

National Museum of Nuclear Science & History. »Castle Bravo«, *Atomic Heritage Foundation*, https://www.atomicheritage.org/history/castle-bravo, abgerufen am 01.03 2022.

10. The Nuclear Weapon Archive. »Operation Upshot-Knothole«, http://nuclearweaponarchive.org/Usa/Tests/Upshotk.html, abgerufen am 01.03 2022.

Laute aus dem einst tiefsten Loch der Welt

Nietzsche, F. *Also sprach Zarathustra*, Band 4, Leipzig, 1891, S. 129.

Bennett, J. *Vilgiskoddeoayvinyarvi: Wolf Lake on the Mountains*, https://soundcloud.com/sonicacts/sets/justin-bennett-vilgiskoddeoayvinyarvi-wolf-lake-on-the-mountains.

»Stratavator – Benedum Hall of Geology – Carnegie Museum of Natural History – Oakland, Pittsburgh, PA«, www.youtube.com/watch?v=92mRpjZnPvU.

Kringel, D. »Hilfe, wir haben die Hölle angebohrt«, *Der Spiegel*, 26.04 2011.

Die summenden Felder: Die Bergwiesen des Altai-Gebirges

Vieser, M. »Suche nach dem verheißenen Land«, *Zeitfragen*, Deutschlandfunk Kultur, 07.12 2016, https://www.deutschlandfunkkultur.de/altai-gebirge-in-russland-suche-nach-dem-verheissenen-land-100.html.

Außerirdisch, aber nicht außergewöhnlich: Die Fundstücke des Fantastischen

Burlingame, J. »Hans Zimmer on ›Dune‹ Score's Electronic Textures and Made-Up Choral Language«, *Variety*, 21.10 2021.

Cole, A., Kellman, R. »Why Does A Frozen Lake Sound Like A Star Wars Blaster?«, *NPR All Things Considered*, 21.12 2106.

Colorado Parks and Wildlife. »Ice at Steamboat Lake state park«, 02.12 2021, https://twitter.com/COParksWildlife/status/1466539971003703301.

Elgueta, A. »Mysterious sounds heard from frozen lake sparks bizarre alien theory«, *The Sun*, 06.12 2021.

King, D. »How Hans Zimmer Conjured the Otherworldly Sounds of ›Dune‹«, *The New York Times*, 22.10 2021.

Kolgan, A. »Video of Lake Baikal«, 07.02 2021, https://www.instagram.com/p/CK-RRYTJsoB/.

Mandelbaum, R. F. »Pew-Pew: What Do Lasers Actually Sound Like?«, *Gizmodo*, 03.07 2019.

Rinzler, J. W. *The Sounds of Star Wars*, Chronicle Books, 2010, S. 54.

Stearn, M. »What Was That? The Top 13 Foley SFX From Everyday Household Objects«, *Storyblocks*, 23.01 2017.

Aufgehorcht!! Über die Dazwischen-Klänge

Corbett, S. »Do You Hear What I Hear?«, *This American Life*, 516, 17.01 2014.

Great Big Story. »In Tokyo, These Trains Jingle All The Way«, 03.08 2018, https://www.youtube.com/watch?v=nSG5IkRA9BE.

Harris, J. »Why I Killed the Microsoft Startup Sound«, 29.05 2021, https://www.youtube.com/watch?v=UWUBjM2LNJU.

»Liner notes from the initial American release of Brian Eno's ›Music for Airports / Ambient 1‹«, PVC 7908 (AMB 001), http://music.hyperreal.org/artists/brian_eno/MFA-txt.html, abgerufen am 10.08 2022.

Lysaker, J. T. »Brian Eno's Music for Airports 40 years later«, *Oxford University Press Blog*, 20.12 2018, https://blog.oup.com/2018/12/brian-eno-music-for-airports/.

O'Connor, N. »Diffusing the Norm – Brian Eno's Music For Airports«, *Divergence Press*, 14.02 2019.

Selvin, J. »Q and A with Brian Eno«, *SFGate Chronicle*, 02.06 1996.

Das nicht ganz so geheime und stille Liebesleben der Fische

Clinton, L. »The Humming Toadfish Festival«, *Sausalito Historical Society*, 27.03 2019.

De la Peña, N. »What's making that noise? Surprisingly, it may be fish«, *The New York Times*, 09.04 2008.

Erisman, B. »Spawning sounds of Gulf corvina from the Colorado River Delta«, *Gulf of California Marine Program*, 04.06 2013.

Erisman, B. E., Rowell, T. J. »A sound worth saving: acoustic characteristics of a massive fish spawning aggregation«, *The Royal Society Publishing: Biology Letters*, 20.12 2017, https://royalsocietypublishing.org/doi/10 1098/rsbl.2017 0656.

Staugler, B. »Black Drum«, *University of Florida Blogs*, 18.07 2016.

Von Stimmen, innen und außen

Worthen, M. »When God talks Back«, *The New York Times*, 27.04 2012.

Beavan, V., Read, J., Cartwright, C. »The prevalence of voice-hearers in the general population: A literature review«, *Journal of Mental Health*, 20, 2011, S. 281–292.

CYMRU, Hearing Voices Network, Wales, »Famous People who Hear Voices«, 13.08 2016, https://www.hearing-voices.org/voices-visions/famous-people/.

Den Spuren lauschen

Brandt, J. »Die Leute wollen etwas Kuscheliges«, *taz*, 23.10 1999.

Jones, M. »How Talking to the Dead Dislodged Some of My Sorrow«, *The New York Times*, 06.07 2022.

Philippa Jarke, Schauspielerin und Sprecherin, in *RBB, der Tag*, https://www.rbb-online.de/rbbkultur/radio/programm/schema/sendungen/der_tag/archiv/20220930_1600/gast_im_studio_1710.html, abgerufen am 30.09 2022.

Messina Imai, L. »How Japan's Wind Phone Became a Bridge Between Life and Death«, *Lit Hub*, 17.03 2021, https://lithub.com/how-japans-wind-phone-became-a-bridge-between-life-and-death/.

Burke, C. »The Christmas story of one tube station's ›Mind the Gap‹ voice«, *The Guardian*, 25.12 2019, https://www.theguardian.com/cities/2019/dec/25/the-christmas-story-of-one-tube-stations-mind-the-gap-voice.

Das Unerklärliche erklären: Das Taos-Brummen

Deming, D. »The Hum: An Anomalous Sound Heard Around the World«, *Journal of Scientific Exploration*, Vol. 18, Nr. 4, 2004, S. 571–595.

Barker, E. »Hermit on the Mountain«, *New Mexico Quarterly*, 31, 4, 1961.

Cowan, J. P. »The results of hum studies in the United States«, *Community: 9th International Congress on Noise as a Public Health Problem (ICBEN)*, 2008.

Mühlhans, J. H. »Low frequency and infrasound: A critical review of the myths, misbeliefs and their relevance to music perception research«, *Musicae Scientiae*, Vol. 21 (3), 2017, S. 267–286.

Lawrence, D. H. *New Mexico*, 1928.

Ein Quadratzoll Stille

Hanstock, B. »The Bizarre Experience Of Sitting Inside The ›Quietest Room On Earth‹«, *Uproxx*, 10.03 2017.

Hempton, G. »One Square Inch of Silence«, https://onesquareinch.org/.

Le Guin, U. K. *A Wizard of Earthsea*, Parnassus Press, 1968.

Le Guin, U. K. *The Farthest Shore*, Atheneum Books, 1972.

Swatman, R. »Microsoft lab sets new record for the world's quietest place«, *Guinness World Records*, 02.10 2015.

Vendetti, T. »Quietest Place on Earth«, https://vimeo.com/400673540.

World Health Organization. »Noise«, https://www.who.int/europe/health-topics/noise#tab=tab_1.

Zellner, X. »How Do Barn Owls Fly So Silently?«, *Audubon.org*, 13.05 2016.

Kahn, B. »The Quietest Place in America Is Becoming a Warzone«, *Gizmodo*, 30.07 2018.

Flüsterwellen, Melodiestraßen und Rolltreppen-Jazz: Von der Kunst und der Wissenschaft der zufälligen Akustik

Ball, P. »Mystery of ›chirping‹ pyramid decoded«, *Nature*, 14.12 2004.

Cho, J., Lee, R. »Singing Streets and Melody Roads«, *ABC News*, 29.11 2007.

Cox, T. »The Acoustics of Eavesdropping«, *Slate*, 06.06 2014.

Debczak, M. »7 Whispering Galleries From Around the World You Can Visit«, *Mental Floss*, 10.03 2017.

FitzGerald, J. »How Does The Whispering Gallery At St Paul's Actually Work?«, *Londonist*, 14.01 2019.

Georgia Institute of Technology. »Ancient Greek Amphitheater: Why You Can Hear From Back Row«, *ScienceDaily*, 06.04 2007.

Goldfarb, K. »How Grand Central Terminal's Whispering Gallery Allows You To Hear Soft Words 30 Feet Away«, *All That's Interesting*, 08.06 2018.

Patoway, K. »Nightingale Floor: An Ancient Japanese Intruder Detection System«, *Amusing Planet*, 27.04 2018.

Lord Rayleigh. »CXII. The problem of the whispering gallery«, *The London, Edinburgh, and Dublin Philosophical Magazine and Journal of*

Science, Vol. 20 (120), S. 1001–1004, https://www.tandfonline.com/doi/abs/10 1080/14786441008636993.

Richards, C. »Move along with the soundtrack of Metro's screechy, wailing escalators«, *The Washington Post*, 14.01 2011.

Simmons-Duffin, D. »Honda Needs a Tune-Up«, http://davidsd.org/2008/12/honda-needs-a-tune-up/#, abgerufen am 26.08 2022.

Wikipedia. »Nightingale floor«, https://en.wikipedia.org/wiki/Nightingale_floor, abgerufen am 26.08 2022.

Mit Schall zur Wahrnehmung: Wale und wie sie die Welt »sehen«

André, M., Caballé, A., van der Schaar, M., et al. »Sperm whale long-range echolocation sounds revealed by ANTARES, a deep-sea neutrino telescope«, *Scientific Reports*, 7, 12.04 2017, https://doi.org/10 1038/srep45517.

Biodiversity of India. »Goddess Ganga and the Gangetic Dolphin«, https://www.biodiversityofindia.org/index.php?title=Goddess_Ganga_and_the_Gangetic_Dolphin, abgerufen am 17.05 2022.

Jens C., Koblitz, J. C., Stilz, P., Rasmussen, M. H., Lauder, K. L. »Highly Directional Sonar Beam of Narwhals (*Monodon monoceros*) Measured with a Vertical 16 Hydrophone Array«, *PLoS One*, 09.11 2016, https://doi.org/10 1371/journal.pone.0162069.

Jense, F. H., Rocco, A., Mansur, R. M., Smith, B. D., Janik, V. M., Madsen, P. T. »Clicking in shallow rivers: short-range echolocation of Irrawaddy and Ganges River dolphins in a shallow, acoustically complex habitat«, *PLoS One*, 03.04 2013, https://journals.plos.org/plosone/article?id=10 1371/journal.pone.0059284.

Klein, J. »Narwhals, Tusked Whales of the Arctic, See With Sound. Really Well«, *The New York Times Trilobites*, 09.11 2016.

University of California, Berkeley. »Whales evolved biosonar to chase squid into the deep«, *Phys.org*, 05.09 2007.

Geophonie, Biophonie, Anthrophonie: Drei Klangarten unter den sieben Meeren

Dziak, B., Matsumoto, H. »Mariana Trench: Seven miles deep, the ocean is still a noisy place«, Oregon State University, 02.03 2016.

Finland's Environmental Center. »Eutrophication in the Baltic Sea«, *MarineFinland.fi*, https://www.marinefinland.fi/en-US/Nature_and_how_

it_changes/State_of_the_Baltic_Sea/Eutrophication, abgerufen am 18.08 2022.

Gannon, M. »Mysterious Metallic Sound in the Mariana Trench Finally Identified«, *LiveScience*, 16.12 2016.

Georgia State University. »Speed of Sound in Various Bulk Media«, *Hyperphysics*, http://hyperphysics.phy-astr.gsu.edu/hbase/Tables/Soundv.html, abgerufen am 18.08 2022.

Jézéquel, Y., Chauvaud, L., Bonnel, J. »Spiny lobster sounds can be detectable over kilometres underwater«, *Scientific Reports*, Vol. 10 (1), 7943, 21.05 2020, https://www.nature.com/articles/s41598-020-64830-7.

Moskowitz, C. »Super-Earth Planet Likely Made of Diamond«, *Space.com*, 11.10 2012.

National Oceanic and Atmospheric Administration (NOAA) Ocean Exploration. »How much of the ocean has been explored?«, https://oceanexplorer.noaa.gov/facts/explored.html, abgerufen am 22.08 2022.

North Carolina State University. »Oh, snap! What snapping shrimp sound patterns may tell us about reef ecosystems«, *ScienceDaily*, 14.01 2016.

University of Rhode Island. »Sea Urchin Sounds (*Evechinus chloroticus*)«, *Discovery of Sound in the Sea*, https://dosits.org/galleries/audio-gallery/marine-invertebrates/sea-urchin-kina/, abgerufen am 18.08 2022.

University of Rhode Island. »Seismic Airguns«, *Discovery of Sound in the Sea*, https://dosits.org/animals/effects-of-sound/anthropogenic-sources/seismic-airguns/, abgerufen am 18.08 2022.

Wikipedia. »The Silent World (Le Monde du silence)«, https://en.wikipedia.org/wiki/The_Silent_World, abgerufen am 18.08 2022.

Williams, C. »The Bottom of the Ocean is Surprisingly Noisy«, *Huffpost*, 03.03 2016.

Woods Hole Oceanographic Institution. »As oceans warm, snapping shrimp sound a warning«, *ScienceDaily*, 18.08 2022.

So sollte es eigentlich nicht klingen! Bizarre Vogelstimmen auf allen sieben Kontinenten

ABC News Australia. »Loved lyrebird dies«, https://www.abc.net.au/news/2011-12-29/lyrebird-dies-chook-adelaide-zoo/3750944, abgerufen am 09.08 2022.

American Ornithological Society. »A first look at geographic variation in Gentoo penguin calls«, *Phys.org*, 27.09 2017.

Boswell, J. »How birds sing«, https://www.bl.uk/the-language-of-birds/articles/how-birds-sing, abgerufen am 09.08 2022.

Chung, E. »The white bellbird is the loudest bird in the world«, *CBC News*, 22.10 2019.

Keim, B. »Fastest Wings on Earth Show Extremes of Sexual Selection«, *Wired.com*, 09.02 2010.

Oltermann, P. »Why nightingales are snubbing Berkeley Square for the Tiergarten«, *The Guardian*, 13.04 2019.

Romberg, J. »Your singing has something of Techno«, https://www.riffreporter.de/de/umwelt/nachtigall-jugendforscht-vogelstimmen-bioakustik-1, abgerufen am 09.08 2022.

Der Vibration einer Landschaft, ihrer Steine und Mineralien lauschen

»A reimagination and recreation of an instrument of sound«, https://www.arup.com/projects/chapel-of-sound, abgerufen am 16.02 2022.

Brook, P., de Salzmann, J. »Meetings with remarkable men«, Filmskript, https://subslikescript.com/movie/Meetings_with_Remarkable_Men-79542.

Körperfelder: Die Arbeiten des Jacob Kirkegaard

Interview der Autoren mit Jacob Kirkegaard.

Martin, J. »Listening to the Heart: Jacob Kirkegaard«, *BOMB Magazine*, 05.03 2021.

ORGAN²/ASLSP: So langsam wie möglich

Takemitsu, T. *Confronting Silence*, Fallen Leaf Press, 1995, S. 27.

Neugebauer, R. O. »Interview with Warren Senders for Music 4 Climate«, *2021 United Nations (UN) Climate Change Conference (COP 26) in Glasgow*, https://www.hs-harz.de/user-mounts/292_m128/RON_John_Cage_Organ_Project___Climate_Change.pdf.

Joyce, J. *Finnegans Wake*, Penguin Classics, 2000, S. 628.

Von Wachs und Glas, Musik und Stimmen: Die Vergangenheit, Gegenwart und Zukunft der Tonaufnahme

Boutwell, J. »The Mapleson Cylinders«, *The New Yorker*, 01.12 1985.

Brice, A. »For Native American student, reclaiming his culture began at Berkeley«, *Berkeley News*, 05.06 2018.

Language Archive. »The J. Alden Mason collection of Salinan sound recordings«, https://cla.berkeley.edu/collection/?collid=11006, abgerufen am 09.08 2022.

Dorrier, J. »Microsoft to Archive Music on Futuristic Slivers of Glass That Will Live 10,000 Years«, *Singularity Hub*, 12.06 2022.

Edison, T. A. »The Phonograph and Its Future«, *The North American Review*, Vol. 176, 1878.

First Sounds. »The Phonautograms of Édouard-Léon Scott de Martinville«, http://www.firstsounds.org/sounds/scott.php, abgerufen am 09.08 2022.

Garrett, A. »Archive: Survey of California and Other Indian Languages«, https://www.ocf.berkeley.edu/~andrewgarrett//archives.html, abgerufen am 09.08 2022.

»Global Music Vault«, https://www.globalmusicvault.com/, abgerufen am 09.08 2022.

Internet Archive. »Edison reading Mary Had a Little Lamb (1927)«, *The Public Domain Review*, https://publicdomainreview.org/collection/edison-reading-mary-had-a-little-lamb-1927, abgerufen am 09.08 2022.

Library of Congress. »Lionel Mapleson cylinder recordings of the Metropolitan Opera (1900–1903)«, https://www.loc.gov/static/programs/national-recording-preservation-board/documents/MaplesonMetropolitanOpera.pdf, abgerufen am 09.08 2022.

National Park Service. »Origins of Sound Recording: Edison's Path to the Phonograph«, *National Historical Park New Jersey*, 17.07 2017.

National Science Foundation. »Linguistic and ethnographic sound recordings from early twentieth-century California: Optical scanning, digitization, and access«, https://www.nsf.gov/awardsearch/showAward?AWD_ID=1500779&HistoricalAwards=false, abgerufen am 09.08 2022.

»Reconsidering Earliest-Known Recording«, *NPR All Things Considered*, 01.06 2009.

Rosen, R. J. »Scientists Recover the Sounds of 19th-Century Music and Laughter From the Oldest Playable American Recording«, *The Atlantic*, 26.10 2012.

Der Klang der Manipulation: Sonic Warfare an der Front, in der Fabrik, und vielem mehr

Kindt, K. *Der Führer als Redner*, Hanseatische Verlagsanstalt, 1934.

Quigley, M. »Yehudi Raps«, *The Georgia Straight*, 1970, https://www.mjq.net/interviews/menuhin.htm, abgerufen am 08.11 2022.

Wittje, R. »Large Sound Amplification Systems in Interwar Germany: Siemens and Telefunken«, in: *Sound & Science: Digital Histories*, Humboldt Universität Berlin, https://soundandscience.de/contributor-essays/large-sound-amplification-systems-interwar-germany-siemens-and-telefunken, abgerufen am 07.11 2022.

Eppinger-Jäger, C. »Hitler's voice. The loudspeaker under National Socialism«, in: *Intermediality*, 17, Frühling 2011, S. 83–104, https://www.erudit.org/en/journals/im/1900-v1-n1-im1817262/1005750ar/, abgerufen am 07.11 2022.

»The Wandering Soul«, *Smithsonian Magazine*, https://www.smithsonianmag.com/videos/the-wandering-soul/, abgerufen am 07.11 2022.

»Neue Akustik-Waffe: Beschallen statt beschießen. Fraunhofer-Wissenschaftler haben im Auftrag der Bundeswehr eine Schallwaffe entwickelt. Mit Lautstärke soll sie Soldaten die Gegner vom Hals halten«, *Handelsblatt*, 17.05 2011, https://www.handelsblatt.com/technik/forschung-innovation/neue-akustik-waffe-beschallen-statt-beschiessen/4183306.html, abgerufen am 07.11 2022.

Goodman, S. *Sonic Warfare, Sound Effect and the Ecology of Fear*, MIT Press, 2012.

ACLU, »Piper v. City of Pittsburgh«, https://www.aclupa.org/en/cases/piper-v-city-pittsburgh-et-al, abgerufen am 07.11 2022.

Gilbreth, L. *The Psychology of Management*, The Macmillan Company, 1914.

Urbina, I. »Protesters Are Met by Tear Gas at G-20 Conference«, in: *The New York Times*, 24.09 2009, https://www.nytimes.com/2009/09/25/us/25pittsburgh.html.

Die Goldene Schallplatte der Voyager 1: Die Botschaft der Menschheit – für wen noch mal?

Gambino, M. »What Is on Voyager's Golden Record?«, *Smithsonian Magazine*, 22.04 2012.

Grebowicz, M. »Why Send Whale Song Into Space?«, *Lit Hub*, 15.09 2017.

Jet Propulsion Laboratory – California Institute of Technology. »The Golden Record«, https://voyager.jpl.nasa.gov/golden-record/, abgerufen am 26.12 2021.

Jet Propulsion Laboratory – California Institute of Technology. »Mission Status«, https://voyager.jpl.nasa.gov/mission/status/, abgerufen am 26.12 2021.

BIBLIOGRAFIE

LaFrance, A. »Solving the Mystery of Whose Laughter is on the Golden Record«, *The Atlantic*, 30.06 2017.

Wikipedia. »Alien (Film)«, https://en.wikipedia.org/wiki/Alien_(film), abgerufen am 26.12 2021.

Wikipedia. »Star Trek IV: The Voyage Home (Film)«, https://en.wikipedia.org/wiki/Star_Trek_IV:_The_Voyage_Home, abgerufen am 26.12 2021.

Über die Autoren

Michaela Vieser studierte Japanologie und Asiatische Kunstgeschichte in London und lebte sechs Jahre in Japan, wovon mehrere Dokumentarfilme, Radiofeatures sowie ihr Bestseller *Tee mit Buddha* zeugen. Die freie Autorin erhielt 2021 das Stipendium des Deutschen Preis für Nature Writing. Sie verbindet in ihren Texten wissenschaftliche Fakten mit der eigenen Sinneswahrnehmung.

Isaac Yuen nennt neben der ehemaligen britischen Kolonie Hongkong Vancouver seine zweite Heimatstadt und begeistert sich schon Zeit seines Lebens für die Umwelt. Er verfasst Kurzgeschichten und Essays, die in Literaturmagazinen in den USA, Kanada und in Großbritannien erscheinen. 2022 wurde er mit dem »Pushcart Prize« ausgezeichnet.

Eine Übersicht über alle Orte und Hörbeispiele unter

oder auf der Verlagswebsite.

Alle Texte wurden von Michaela Vieser und Isaac Yuen auf Englisch verfasst und von Michaela Vieser ins Deutsche übertragen.

Deutsche Originalausgabe

Ein Unternehmen der Média-Participations

Projektleitung: Dr. Hans Peter Buohler, Knesebeck Verlag
Lektorat: Michael Lenkeit, Stuttgart
Karte: Angelika Solibieda, Karlsruhe
Gestaltung und Umschlaggestaltung: Favoritbüro, München
Satz: Buchwerkstatt, Bad Aibling
Herstellung: Arnold & Domnick, Leipzig
Druck: Livonia Print, Riga
Printed in Latvia

ISBN 978-3-95728-662-8

Elektronisch ist folgende Ausgabe erhältlich:
eBook (epub): ISBN 978-3-95728-663-5

www.knesebeck-verlag.de

MIX
Papier | Fördert gute Waldnutzung
FSC® C002795